猫とくらす

photos & episodes by

Thousands of Cat Lovers

ねころぶ猫。

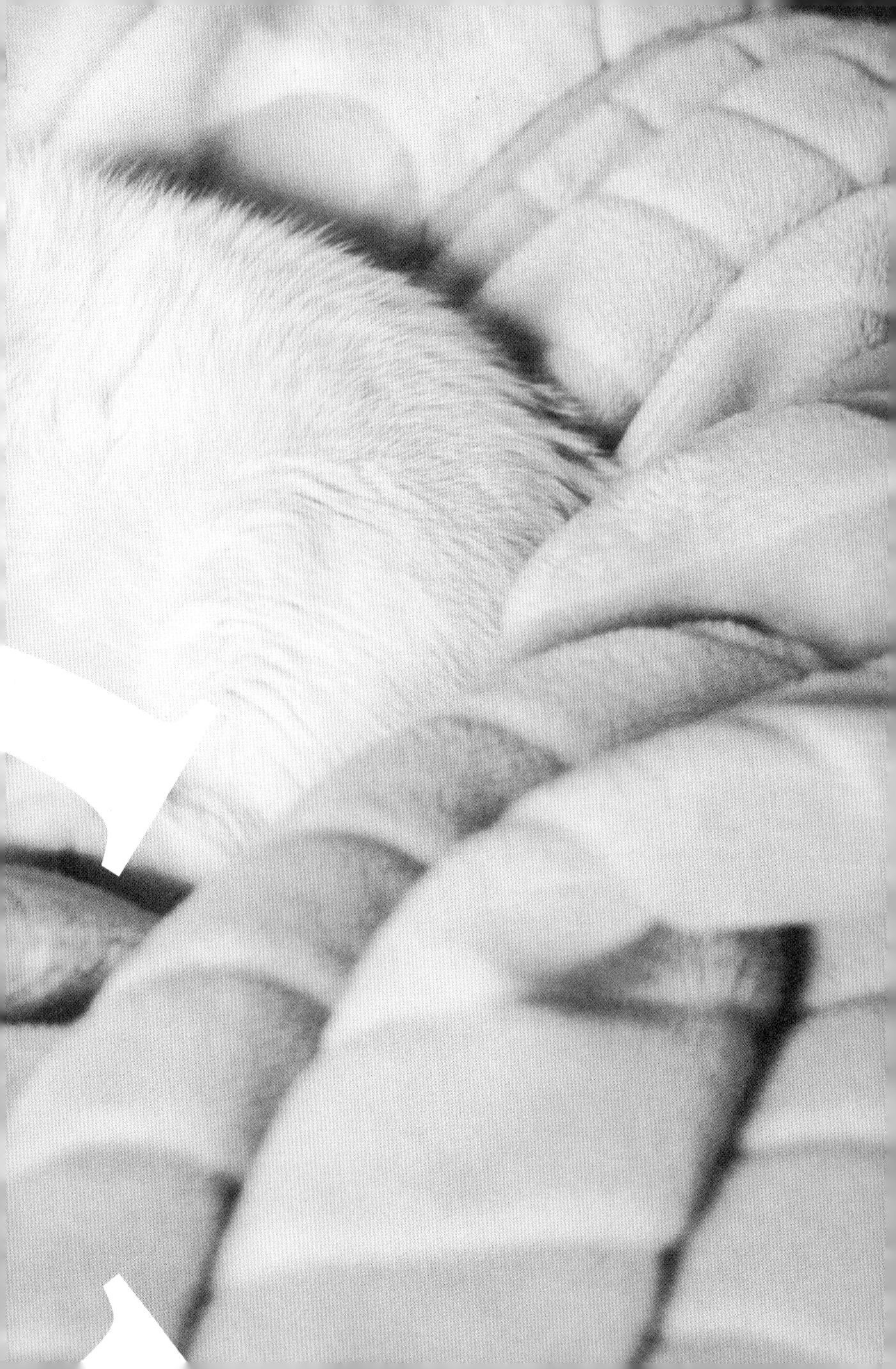

見つめる猫。

チラッと猫。

覗く猫。

眺める猫。

【写真篇】

【エピソード篇】

001　たくさんの猫

002　甘える猫

003　仲良しの猫

004　抱き合う猫

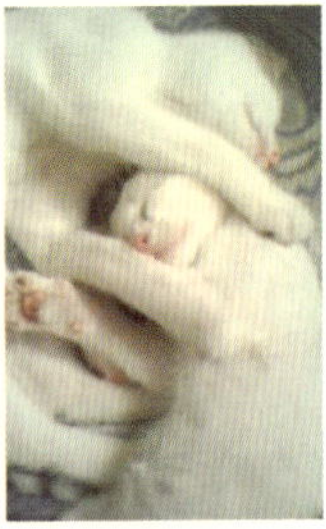

005 寄り添う猫

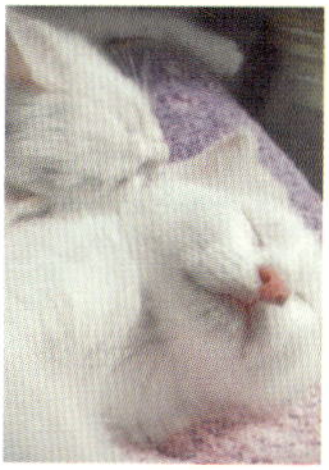

006　いちゃいちゃする猫

007　手を握る猫

008　ひそかにくっついている猫

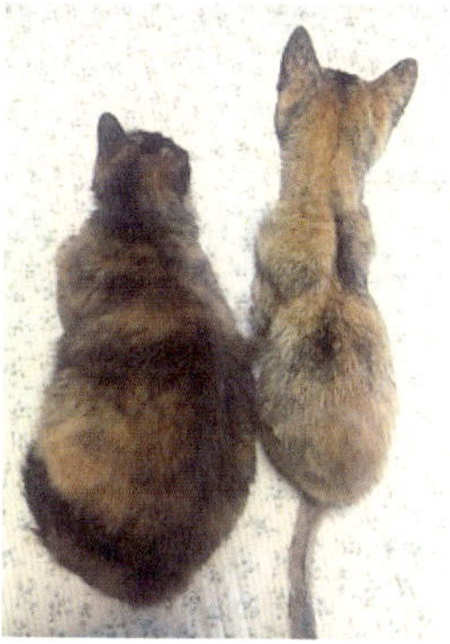

009　顔が近すぎる猫

010　のる猫

011　のりすぎな猫

012　くっつく猫

013　からまる猫

014　添い猫

015　拡大、縮小

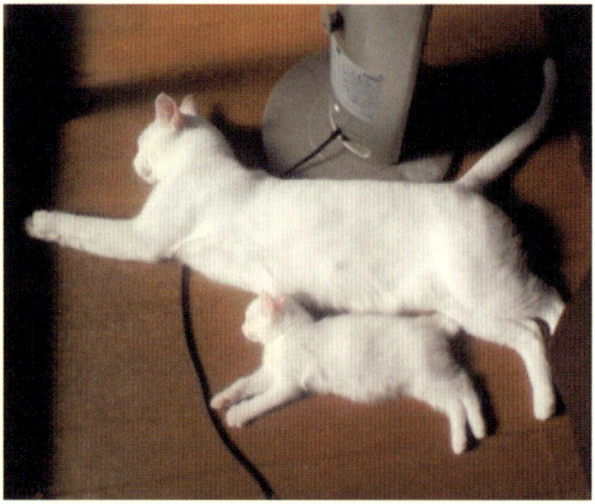

016　対称

017　複写

018　分身（鏡）

019　とおい猫

020　ちかい猫

021　うえ

022　ややうえ

023　ややした

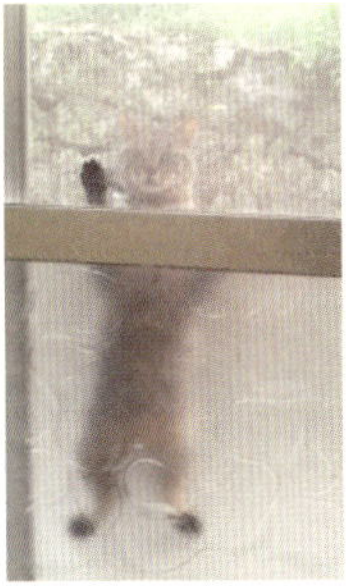

024　した

025　まえ

026　うしろ

027　ねこ、見守る

028　ならぶ猫

出会い

◎生まれたよ！

001

京都の夏を送る「五山の送り火」の点火が始まった時、
お母さん猫の「たま」が産気づきました。
あわてて納屋に行っておなかをさすってやり、
お産につきそいました。
そして私の手で取り上げたのが初めての出会いでした。
4匹生まれました。

002

あれは、ある寒い夜でした。
前から飼っているママ猫をふとみると、
おしりのあたりから、なにかがツンと飛び出ていた。
そう、チョロの足でした。
全然きづかなかったんです。
なんとかいろんな人にきいて、元気よく産まれました！

003

偶然有給をとっていた父が助産師となり、
5匹の子猫が産まれました。

004

なでているとなんとなくいきんでいるようなしぐさをする。。えっ？大丈夫？とよくみるとおしりがびっしょびしょ、椅子までびしょびしょで、げっ！！もしや破水した？？！！慌てふためいていると、今度は本気でいきみ始めたのか　うぅと声まで漏れてる！！もしやと思いおしりに手をあてるとなんか丸い生暖かいものが・・？！いろいろ本やインターネットでねこのお産について調べていて人のいないくらい隅のほうで箱に新聞紙を裂いたものを敷き詰めた中で産むって書いてあったので、ちゃんとつくって用意してあったのに、なんとわたしの膝の上でお産するとは夢にもおもわず、ひとりで産まれる産まれる！！とさけび、旦那も弟もソファで爆睡していて反応なし！！しかたないので、ミントをかかえ、用意していた箱までもっていき、入れたのはいいが、ニクシーも心配なのか箱に入ると、ミントは赤ちゃん半分出てるのに箱を飛び出しジャングルジムの中へ。。ニクシーを部屋から出してやっと落ち着いたのか、ジャングルジムの中で、無事一匹目出産！！何かわからず一生懸命なめて初めの一声をあげた瞬間にシャーっと威嚇したのは笑っちゃいましたが、ちゃんと立派にママの風格をだし、無事に5匹もかわいい子猫ちゃんを産みました！！

005

うちの屋根の上の一角で生まれていました。
目の開くと同時に回収して... それを過ぎると
ノラちゃんになってしまうので。
初めての一瞬、シャッと幼い威嚇をみせたけれど
かあちゃんのおっぱいよりも美味しいミルクに
くらっときて...

006

実家のネコ（ジャスミン）が産んだキョーダイ。
産まれたその日は、私の誕生日！

007

うちの蘭丸は、なんと壁から生まれてきたんです。
屋根裏で生まれ、よちよちと歩いているうちに
壁の方に落ちてきたのだとは思うのですが…。

008

うちのガレージで生まれてた。･ﾟ･(*ﾉД｀*)･ﾟ･。
一目ぼれｗ

◎もらいうけた

009

子猫が産まれたよ〜！
の知らせに見に行くだけねと訪ねました。
白いところが多く　可愛くクリクリした目に見つめられ
虜になってしまいました。

010

近所の中華店のご主人が「うちで産まれたの、見に来て！」
と言われて見に行った。
「ほしい！飼いたい！」とスグ思った。

011

義理の妹宅に生まれた猫。
貰い受ける半年ほど前に愛猫に死なれて、
早く生まれ変わって…と願っていた時に出会いました。
やっぱり生まれ変わりかしら？

012

ある日突然、ネコのことが可愛く思えて仕方がなくなりました。そして毎日「ネコ飼いたいな〜」とクチを開けば言っていた時、会社の人が飼っているメスネコに子供が出来た！と言って来ました。

013

主人の友人宅で生まれた5匹の子猫。
「可愛いから見にきて！」
早速、見にいきました
（ちなみに私はペットを飼ったことがありません）
その中でもひときわ、わんぱくで、尻尾が丸いので
ウサギみたいにぽ〜〜んと飛び跳ねる子がいました！
「抱いてみる？」といわれ、
初めて生まれたての子猫を抱く私はドキドキでした。
抱っこしたら、手をもみもみ！　そして落着いたのです。
かわいい！
そう・・・これがトラキチとの出会い。

014

まだ生まれて1カ月未満の時
知人から譲り受けました。。。
お礼のロールケーキと引き換えに・・・

015

2009年8月23日、羽田空港西貨物地区まで
ジョゼを迎えに行きました。
水色のバスケットの中のジョゼは小さくて頼りなさげ。
「こんにちは、今日からうちの子だよ。」
と話しかけると、元気にニャーと鳴きました。

◎生まれたばかりのときに

016
ソナは産まれたばかりの小さい時に
段ボールの中に入れて捨てられていました。
見捨てれないうちの家族はすぐ飼う事に決めました。

017
生まれて間もない頃、公園で出会いました。

018
去年の9月9日の深夜。
ウチの裏手でいつまでも啼《な》き続ける子猫の声。
懐中電灯をたよりに、家と塀の隙間からゴミ拾いの
金バサミで拾い上げたのは、生まれたばかりの子猫。
“親が子猫を移動させている途中に忘れた？”
としか思えない、このシュチュエーション。
先住猫（11歳）がフーフー怒るなか、ウチの仔に
することを決めざるをえない状況でした…。

019
2年半前、江戸川区の横断歩道にて目の開いていないじじけろと遭遇。生まれたてだったので小さいし猫に見えませんでした。お母さんに捨てられたのか一人でどこかへ向かっていて車に轢かれそうだったので連れて帰ってきました。

020

今年5月に17歳の息子が、
目がちゃんと見えてない赤ちゃんを保護し帰宅。

021

野良猫だった母親猫が、生まれて間もない子猫を縁の下に置いて行きました。可哀想に思った弟が「みー」と名付け、大切に育て、今はもうお婆ちゃん猫です。みーﾁｬﾝは弟にしか懐きません。

022

ある日の夕方、仕事から帰ると何時もは大人しいのに、
妙にけたたましく鳴くのです。
「どうしたの？」と聞くと、
自分が座っていた下からおもむろに、
真っ白い毛糸だまのような仔猫を咥えて
私に見せるのでした。
半分得意そうに、半分とまどったように・・・
「あのぅ、この仔も面倒かけていいですか？」と
その目が言っているので、私はシッカリと頷きました。
昼間たった一人？で初体験なのに
頑張って生んだのかと思うといじらしくなりました。

◎やってきた

023
団地内でどこからともなくあらわれた。

024
私が中学生の時に　庭の鉢植えをふと見たら
生まれたてぐらいの、とても小さな
白いねこと、黒いねこが
ぽん、ぽん、と　二匹並んで収まっていました。
嘘みたいな話ですが
それが、うちの　しろ、と、くろ、との
出会いです。

025
六年前の夏。二階の私の部屋に、
屋根づたいで窓からいきなりやってきた。

026
6年前、真夜中の公園で
友達と七輪でやきとりを焼いていたら
その匂いにつられて、お腹をすかせた子猫が
ニャ〜オと姿を現しました

◎出会った

027

お寺の前で、この子と出会いました。

028

職場の山の中から鳴き声が聞こえて
ちっちっちっちと呼んでみたら
3匹のおちびさんがにゃーにゃー出てきた。

029

ある日、家の塀付近で子猫の鳴き声がしていました。
呼んでも姿が見えず、2～3日続き
バッタリ鳴き声もしなくなったので、
どこかに行ったのかと思っていたら
1週間経った頃、我が家の庭のタヌキの置物の中に
愛くるしい顔をして私を見上げていました。
「可愛い！」
それが最初の出会いです。

030

おばあちゃん家の猫です。
家の庭に迷い込んでいたのを、おばあちゃんが見つけて、
その日から家族になりました。

031
20年前、大学の授業中の教室に迷い込み
鳴きながら私の足元にやってきたのが運命の出会い。

032
今年の2月、主人が母親のために肝移植をし、
無事ドナーの役目を終えて退院してきた時のことです。
退院翌日、まだまだ傷が痛む主人と、
近所をゆっくりと歩いてみようと、お散歩に出かけました。
まだ散歩なんて早かったのか傷が相当痛み出してしまい、
公園のベンチにてひとやすみすることにしました。
3月とは言え、まだまだ冷えこみます。
「寒いね」と二人でくっついていました。
ふと何かの気配を感じ振り返ると、いつの間にいたのか、
ベンチの足元に日向ぼっこ中の猫がいました。
まさか無理だろう、とは思いつつも、
私と主人のあいだを少し空け、
トントン、とベンチをたたいてみました。
すると「じゃ、遠慮なく」といった表情で、
猫はストンと二人の間に身をおいたのです。
猫の温かみがももからジンワリと伝わってきて、
なんともあたたかい気持ちになりました。
私達夫婦はこの猫を“ひだまりちゃん”と呼んでいます。

◎出会った場所

033

出勤前に家の前で猫の鳴き声がするのであたりを見回すと
母のバイクの横にちょこんといたらしいです。

034

七年前、干したクッションの上に
気持ちよさそうに眠っていた生後一年ほどの野良。
だけど人懐っこくて、去勢手術もしてあって。
飼主を探したけれど見付からなくて・・・

035

学校で七夕会の準備中に七夕の笹の影でみつけました。

036

当時私はピアノに通っていました。
30の手習いで、週一のこの時間が大好きでした。
その先生の家の庭に寝ていたのがノアです。

037

うさぎ小屋の上

038

シャルルドゴール空港にて・・

◎つれて帰った

039

都内某所。おっとりした性格で、
他の強面（こわもて）の野良ちゃん達に対抗出来ずに、
ご飯全然食べてなかった。
猫は全然、飼ったことなかったけど、
なんとなく、家に連れて帰った。

040

上京して、ずっと一緒に住んでたレオ（大学で拾ってきた先代猫）と離れ離れの生活の中で、私には猫という存在のいない生活が、さみしく満たされないものであると感じていた時に、仕事で知り合った友達のところでたくさん生まれたふわふわ君たちに出会い、最初は大変だから面倒見きれないかもしれないからと１回はあきらめたのだが、その２ヵ月後にまるは産まれてきた。黒っぽい子がいいなと思っていた私は、まるのその２頭身のまっ黒くろすけのような容姿を見て、連れてかえらずにはいられなくなってしまった。

041

ペットショップでロシアンの兄弟が遊んでる姿に
ノックアウト！
１人ではお留守番が可愛いそうなので、
ガールフレンドと一緒に連れて帰りました。

◎育てる

042

熱いたおるをかたくしぼってふき、ミルクをあげて、床に入れば手枕で子守唄、まだちいさいのにわたしが外出すると家の前が小さな駅で、ついてきて、よその猫のなわばりのところで物陰にいて、電車からひとがでてくると、首を出してわたしをさがすのです、この様子を隠れみたわたしは涙がでるほど感激しました、なんていたいけなく可愛いんだろうと。とこのなかで背中をぴったりとつけて眠るももを、ぎゅっとだきしめたいがじっとたえて。

043

生まれたての子猫だったので毎日大変でした。
ミルクから育てる猫は初めての経験で
家族であれこれ調べながら奮闘の毎日でした。
ただいま3ヶ月ですが、
たくさんの餌も食べ、よく寝て、兄ちゃん猫とよく遊び、
喧嘩しながらすくすくと育ってます。
これからがとっても楽しみです。

044

うちで生まれたBON。
生後2日目でお母さんが面倒を見なくなって、
初めて人工保育で育てた。いわば、私の子。

045

外猫のアミちゃんがこの子達（4匹）を産んだその日から行方不明になり、私がエプロンに入れて育てた箱入り息子ならぬエプロン入り息子です♪

046

そーぉっとそーぉっと、抱き過ぎないように大事に育てて、気が付けば2年が過ぎました。

047

これまで私は猫を飼った経験は全くありませんでした。
最初は牛乳をあげたりしましたが様子が変なので動物病院に行って、教えられた通り、猫ミルクを哺乳瓶で2－3時間おきに飲ませるようになりました。お尻を刺激して排便させることも初めて知りました。
名前をつけることになり、5月5日に我が家へきた男の子なので「鯉太」と名付けました。それからは不慣れなことずくめのてんやわんやの子育ての毎日でした。最初300gだった鯉太は、3週間過ぎる頃には800gとなり、元気そのものの、やんちゃ猫として、家じゅうを走り回るようになりました。「ミルク」から「離乳食」へ、離乳食から「ドライフーズ」への転換も、トイレのしつけも思ったより、スムーズに行きました。鯉太は頭のいい、野性味を残した、男の子に育っていきました。

◎初めての猫

048

我が家の最初の猫は虎太郎でした。
年末ペットショップのガラス越しに
かわいい元気なアメショーが！
猫派の夫は愛らしい子猫に釘付け！

049

ネットで飼主を募集していた子猫をもらいました。
生まれたばかりだったので、
4ヶ月になるまでは写真を見せてもらいながら、
子猫に必要なものを揃えたり、猫の勉強をして待ちました。

050

わたしのはじめてのともだちは
わがままで　食いしん坊で　寝てばっかりで　きまぐれで

051

家族の知人が近所で泣いている猫を拾い、
譲っていただきました。
それまでウチで動物を飼ったことがなく、
1か月飼う飼わないと、家族内で討論しました。
今では家族の一員です。

◎縁

052
私の誕生日に　何故か家の玄関前に座っていた。

053
一生に一度だけ猫が飼えるとしたら、憧れのラグドールを
…と思い続けて十数年。
思いつつ、そんな日はこないだろうと思っていたけれど、
人生初の病気療養中、転機が。
偶然にみつけたブリーダーさんのサイトで
子猫の出産予定を知り、清水の舞台から飛び降りる。

054
彼ママが長期海外旅行に出かけた。
彼が猫の面倒を見なきゃ！というので、
ついでに私も彼ママの家に一緒に移り住んだ。
そんな出会いだった。
ある日、リトル・バーステットは、
まるで、自分の家のように家に上がりこみ、
既にいた猫二匹のえさを、ちゃっかり食べていたらしい。
最初は、追い出されそうになったのだけれども、
がんばって居座ってしまったツワモノ君。
そんな過去があって私と会うこともできたんだ。

055

のあとの出会いは私が小さな動物病院で
看護士を始めた頃。
「動物が大好き」と飛び込んだこの世界。
でも実は。。。
猫は今まで飼った事がなくて少し苦手（笑）
勉強するより一緒に生活してみよう
と病院に届けられた捨て猫の残り1匹を
連れて帰る事にしました。
どうせ飼うなら黒猫がいい。
そんな私の希望を見事に裏切った白猫ののあ。
そこからのあと私のかけがえのない時間が始まりました。

056

某保護施設で、ご飯の時間に、
どうしても眠たくなったのか、
こっくりこっくりやっていたら
目の前のミルクに顔を突っ込んでしまい
おぼれそうになったところを偶然みて運命を感じました。

057

主人の会社の倉庫で生まれ、4匹中ただ1匹だけが生き
残った咲楽、烏《からす》の反撃に合い、背中に嘴の痕が有り、置
いておけなくて家に来る！

058

大学の帰りの駐車場で、明らかに学生ではないオジサンが、
車のトランクから猫を数匹投げ捨てていました。
「捨てるとか酷いなぁ…」と思い、オジサンを追いかけよう
と思いましたが、速攻で逃げて行き注意もできず。
捨て猫の中には親猫がいたようで、子猫たちは親猫の後を
追い、駐車場の林の中に逃げていきます。
酷い人と行動を見てしまい、もやもやしながらも
帰宅しようと思うと、側溝からか細い泣き声がします。
一匹だけ側溝にはまってしまい、
抜け出さないで鳴いていました。しかも泥だらけ…。
ちっこくて、病気なのか左目が潰れています。
側溝から出し、自分でも間抜けだと思ったのですが
「おかーさんと、兄弟は向こう言ったよ。お前はどうする？
目が痛いなら病院行くか？」
普通に話しかけてました。
僕の話が通じたのか（勘違い）、足元でぐるぐる廻り
ニャーニャーとなつかれてしまいました。
無責任に保護する気は無いので、病院で健康状態を
調べたあと、自分で飼うか、飼い主を探すか…。
夜の10時くらいまで、膝に子猫を乗せて彷徨《さまよ》っていたら、
夜空に無数の流れ星！
運命の出会いでしょう。猫好きの母は喜んでくれるかな？
猫が苦手な父は…我慢してもらいましょう。
そんな出会いです。

029　まるまる猫（右まわり）

030　まるまる猫（左まわり）

031　バンザイな猫

032　お手上げな猫

033　かしげる猫

034　ひねる猫

035　くねる猫

036　ひるね猫

037　ひねるひるね猫

038　箱な猫

039　箱に入らない猫

040　もたれる猫

041　はさまる猫

042　分けられる猫

043　抜け出す猫

044　袋に猫

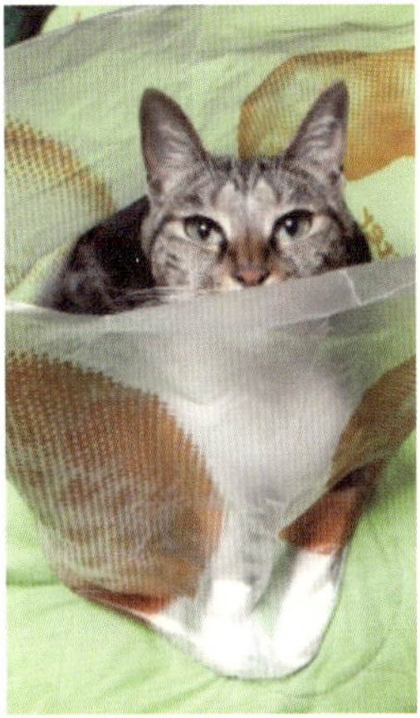

045　袋な猫

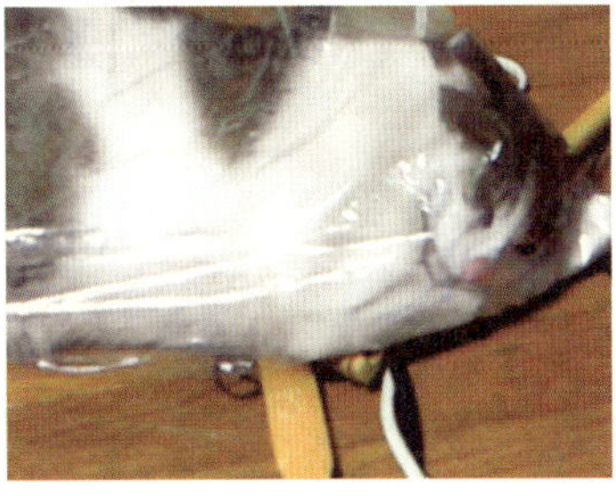

※すぐに救出したそうです。

046　紙袋に猫

047　カゴに猫

048　くずカゴに猫

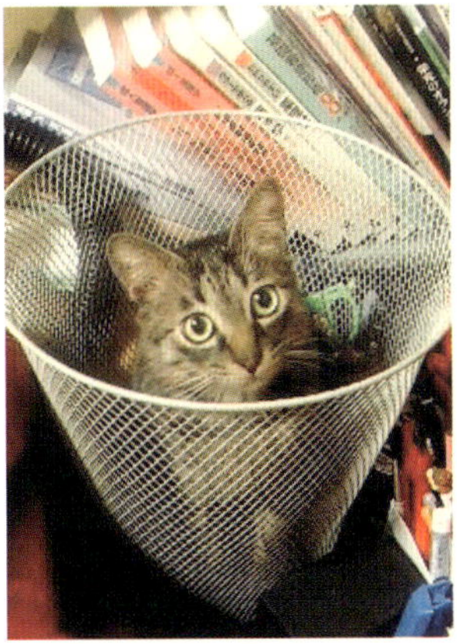

049　ざるに猫

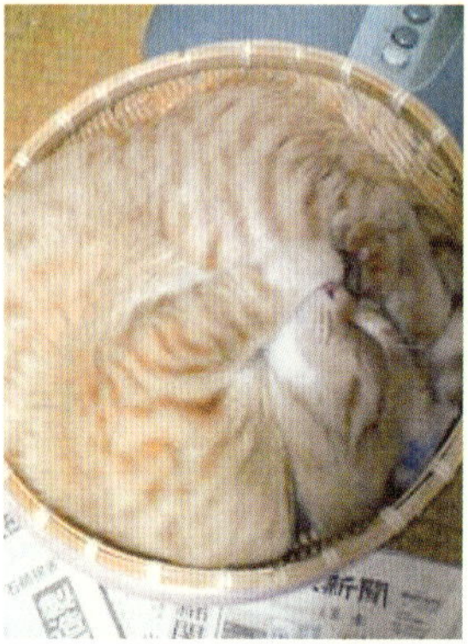

050　カマに猫

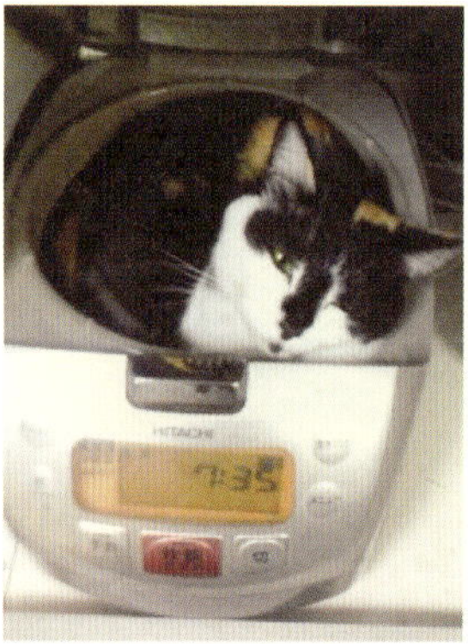

051　おけに猫

052　タンスに猫

053　植木な猫

054　バケツに猫

055　丸ワクから猫

056　パソコン好きな猫

057　ゲーマーの猫

058　犬好きの猫

059 鳥好きの猫

060 靴好きの猫

061　風呂好きの猫

062　洗濯好きの猫

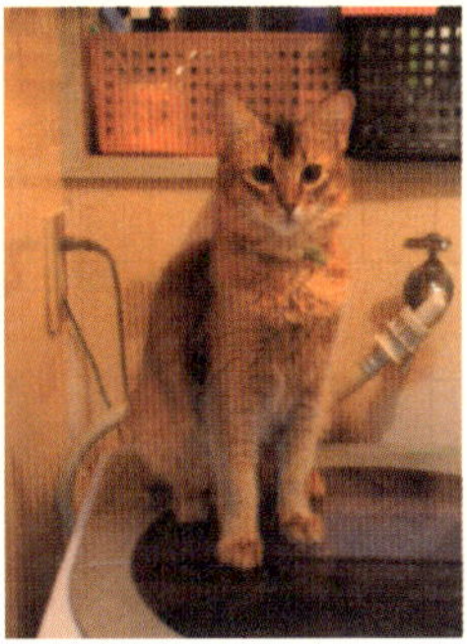

063　洗面所好きの猫

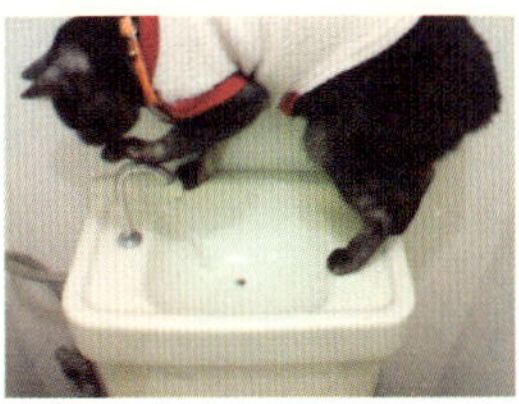

064　濡れない猫

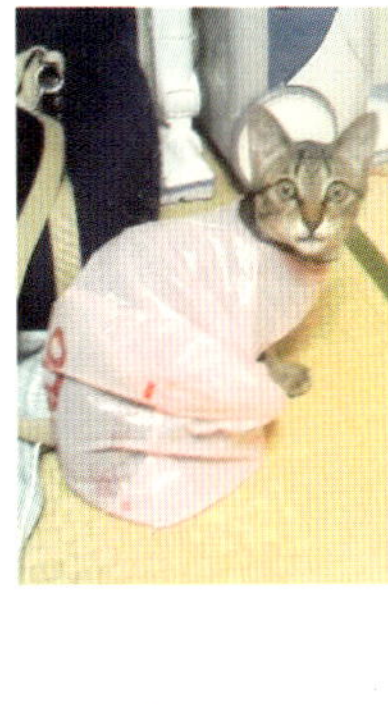

065　待つ猫

066　待ちわびる猫

067　待ちくたびれた猫

068　のぞいてみる猫

069　もしや、あれは？

070　満足そうな猫

071　見送る猫

072　入れてほしい猫

073　外に出たい猫

074　そよそよと猫

名前の由来

059

我輩は猫である。
名前はまだない。
有名なこの1節から…『なつめ』という名前にしました。

060

運命の出会いをしたベランダから名前を取って
「ランダ」に命名しました。

061

おちゃめな男の子だったので、名前も面白いものにしよう！っと「たごさく」と名付けました。

062

名前は「ちょか太」だけどメス。

063

この黒い猫はカーテンや網戸登りが
熊みたいに上手だったので
名前は「くま」となりました。

064

足先だけ白く靴下を履いてるみたいと主人が
「一休」と命名。

065

ギリシャ神話に出てくる美少年アドニスから、
名前は「アドニス」とつけました。
普段は、「アディちゃん」と呼んでいます。

066

長毛の茶とら柄。なので、どう見ても洋ネコなのに
「とら」と名づけられてしまいました。

067

てっきり男の子と思って「ジン君」と名付けましたが、去勢に獣医さんへ連れて行って「女の子です」と言われてびっくり！！それで「ジンクンちゃん」（アグネスチャンさんみたいに）になりました。

068

友達が我が家に遊びにきていて、まだ名前のなかった仔猫の名前をみんなで考えてくれました。
ちょうど「杏チュウハイ」を飲んでいる子の
膝の上にいたので「あんず」になりました。

069

妹が連れ込んできた、ねこちゃんです。

女の子なのに、ボブだなんて！

070
幼い私たちがつけた野良猫の名前は
お母さん猫は黒だったので「クッピー」
娘の子猫は白だったので、happyとかけて「ハッピー」

071
泥んこだったから名前が決まるまで「泥んこ」と呼んでいたらなんとなく定着してしまいもう少し可愛くして名前は「どろん」

072
ちなみに名前は"猫ちゃん"です。みんなに笑われてしまうのですが。。。拾ったときに、名前がなかったため、みんなが"猫ちゃん"と呼んでいて、それを本人が自分の名前と勘違いしてしまったみたいです。かっこいい名前もつけたのですが、その名前では振り向いてくれず、

073
名前の「うこん」は、主人が「あ」のつく名前、
息子が「い」のつく名前、私が「え」のつく名前なので、
「う」か、「お」で名前をつけてあげようと思い、
「うこん」になったのですが、
2歳だった息子は、「うんこ　うんこ」と、
言っていたので、オスだったのですが、
「うーチャン」と、愛称で呼んでおりました。

074
出会った当初片目が悪かったのでまさむね（♂）と命名。

075
美人の女の子だと思った私は
「マツシマナナコ」と名前を付けた。
その後、
「ナナコちゃんは男の子だね～」
獣医さんに言われてしまった。
・・・。
暫定でとら猫の「トラオ（仮)」と呼んでいたが、
トラではタイガースみたいだ、
やっぱり地元ドラゴンズでなければ！
で「ドラオ」。

076
家族になる予定ではなかったので、名前は深く考えず
「チビ」と呼んでいましたが、すくすくと育ってしまい、
体重は6kg。
「デカ」と呼んだほうがふさわしい
立派な体格になってしまいました。
ワクチンのために初めて動物病院に訪れた際、
カルテの名前の記入欄に「チビ」とは恥ずかしくて書けず
「チィ」と書いてしまいました。
・・という訳で病院では「チィ」という名で登録されています。

077
旦那が、末の娘（末妹）と言う意味（広東語）の
muimui という名前をつけました。

078
大学のときに友達からもらい受けました。
生後一カ月でした。
当時、電車通学だったので、持って帰るのが一苦労でした。
オスだと言われてもらったので、
「ねこ吉」と名前を付けましたが、あとで、メスだと判明。
けど、なじんだ名前は変えずにいました。

079
出逢った当時、両掌に乗っかる様なオチビちゃんでしたので
名前を「チビ子」にしようと思っていましたが、
黒い雌猫なので「クロ子」と名づけました。

080
名前の由来は小学生の私がつけた。
クリスマスの頃にきたから、
歌の『ジングルベル♪』からとったべるちゃん。

081
名前はサンタにしました。サンタが我が家にやって来た！

082
「元気に大きくなってほしい」という願いをこめて
「げん」と名付けられたせいか、
元気にもりもり食べ過ぎて、現在ダイエット中。

083
ヴィー、名前はフランス語で生命。
ぴったりの名前だと思っています。
ヴィーは強い子です。
大事故を乗り越え、合併症の腎不全を患いながらですが、
日々回復して行く姿を見せてくれています。

084
べったりへばりついて離れないので、しょうがないと思い
母を呼び出し相手をして貰うことに。
気がついたら母が名前をつけていた…おこげって。

085
飼い主が見つかったときに、別れるのが寂しくないようにと
あえて名前を付けず、「まいご」と呼んでいたのが、
そのまま彼の名前になりました。

086
名前は「9月9日に救出したから」Qと名づけました。
ちなみに、女の子です。

087

それは中学生のときだった。
いま思うと、アメリカンショートヘアだったのだとおもう。
ぎんいろの毛並みに、しましまが入った仔猫を
二匹、ひろった。
私が一匹を引き取り、
もう片方は友人が引き取ることになった。
チグリスとナイル。
どちらもかの有名な川から、とった名だった。

088

高校時代の友人から譲りうけた猫。
ジョセフという名前は、いくつか候補のあった名前を
順番にあげて呼んでいた時に
にゃあと鳴いて反応した名前。
自分で名前を選んだんだと思った。

089

遠距離恋愛をしていた私。私の彼は留学生寮（！）で、
こっそり拾った猫を育てたそうです。
めちゃくちゃ日本猫のキジトラの子猫は、
しっかり横文字の名前（フェリックス）を貰って、
自由奔放に成長。

090

どこからともなく我が家に現れた白猫ルナ。
気がつけばうちの猫になっていた。
セーラームーンが好きだった当時小学生の私。
「白くてオスといったらアルテミスでしょ！」
という私の意見は「呼びにくい」という理由で
あえなく却下。
妥協案として同アニメの黒いメス猫、
ルナの名前が与えられることとなった。

091

フリーペーパーのください、あげます、コーナーで「15才の雑種、飼ってくれた方に一年間キャットフードと砂をお届けします」とありました。よほどの事情があるのだろうと、当時10才の娘瑠名《るな》と行ってみると…なんと！娘と同じ名前の猫、ルナが！ 「ルナなんか、飼ってくれる人いるか心配で…」とおっしゃる飼い主を尻目に、ルナは瑠名に抱っこされてました。そして、1ヶ月。砂とキャットフードを届けてくれるのは息子さん。会ってビックリ！なんと金髪の若いお兄さん。子供達はビックリ！(笑)「小学校時代の自分は、構い過ぎるからルナから嫌われていて…」なんて話してくれる優しい方です。出会いは不思議ですね。

092
変わった模様だったので「マーブル模様」から
「まーちゃん」と名づけました。
丸くなると現れるハートマークがチャームポイントです。

093
仕事仲間がある日拾って来たのです
そいつは本来犬派なのだけれど
ついつい親心が芽生えてしまったそうな…
でも独り身ではなかなか世話もしきれないので
「誰かもらってくれないかなあ」
と頼まれたのでした
以前からワタシの息子くんが
「ネコ欲しい！」
と吠えていたので
「きちんと自分で世話をする」
のを条件にウチにやって来たのでした
拾い主が「baby, baby」と
文字通りの猫なで声で呼んでいたのに
ウチに来るなり息子君は
NBA（アメリカのプロバスケット）きっての問題児
アレン・アイヴァーソン（略称 AI ～エーアイ）と改名
「こいつのすばしっこさとターニング・ステップは
AI 以外の何ものでもねぇ！」
そして Allen "baby" Iverson が誕生したのでした。

094

初代、2代目の飼い主は、それぞれ好きな名前をつけていましたが、実はこの子、耳が聞こえません。目が青くて白いふさふさした猫は、そういうケースが多いみたい。
でもともかく何か名前をつけよう、と思って
ルームメイトと相談しましたがなかなか決まらず・・・。
あるとき、ルームメイトのお父さんが北京に出張にきたので、お父さんに、「なにかいい名前ありませんか?」と相談したところ、お父さんいわく「そりゃあよくある名前がいいだろう、フランソワとか」とおっしゃいました。よって、「フランソワ」と命名しました。よくある名前・・・かどうかは突っ込まないでください。メス猫ですが、フランソワは男の名前でしょ、とも突っ込まないでください。

095

忘れもしない3年前の夏、
数日に及ぶ派手な夫婦喧嘩の後で
なんだか落ち着かない我が家に突然迷い込んだ
生後2ヶ月に満たないと思われる子猫は
その日からわが家の子供になりました。
ともかく猫とは思えないほど甘えん坊のまとわりつきで、
起きている間のほとんどを私につきまとい離れません。
夫婦の危機を取り持った猫ってことで
賢い吉猫に育つようにと、
「吉智」と書いて「キッチ」と名づけました。

096
毛色、肉球、ヒゲが真っ黒なので名前は"くろ"、
オレンジ色の眼がチャームポイントです。
「くろしゃーん！」と呼ぶと寝ていてもとんできます。

097
後ろ姿がじゃがいもの天ぷらそっくりで、
この頃は「じゃが天」って呼ばれてました。

098
生後４ヶ月で原因不明のまま飼っていた仔猫を亡くし、
ペットロス状態になっていたときに譲り受けた『りく』
生活に潤いや充実、たくさんのことを与えてくれる
かけがえのない存在となりました。
ただただ、元気で健やかに育って欲しい。。。
少しでも長く生きて、
一緒に過ごす時間を少しでも長く紡ぎたい。。。
いつか訪れる最期のときにも、亡くした仔猫のように
苦しんで苦しんで病院で亡くなるような哀しい思い、
辛い思いをして欲しくない。。。
そんな思いも込めて、長生きした後に
就寝時に苦しむことなく永逝した曾祖母の名前をもらって
『りく』と名付けました

099
猫を飼ってます。
名前はNIKITA、ニキータ。
リュック・ベッソンの映画から取りました。
どこをどう見ても雑種です、全国津々浦々でよく見る
キジトラのメス猫です。
生まれて1年前後で捨てられていた猫でした。
当時はまだ片手で抱けるくらい小さくて、
成長した子猫、という感じでした。
首輪の後が残っていて、
あぁ一番可愛い時期（仔猫の時期）だけ可愛がられて、
大きくなったから捨てられたんだろうなあ、
と思ったのを覚えています。
時期は吐く息も白い11月。
私はアパートに一人暮らしで、当然ペットは禁止。
飼ってあげる事は出来なくても、寒い中、
この小さな猫を屋外に放り出していられるはずも無く。
今夜一晩だけ、そのつもりで
仔猫を部屋へ連れて帰りました。
当然緊張して部屋の隅から離れない猫に
餌と水をあげて、その日は就寝。
朝起きて、拾った場所へ連れていこうと
猫をバッグ（布製です）に入れて家を出ました。
それはこの時起こりました。
移動に驚いた猫が、

バッグから飛び出して逃げ出してしまったんです。
慌てて追い掛けましたが猫は素早く、
あっという間に尻尾の陰さえ見えなくなってしまいました。
探すにも仕事があるので長居出来ず。
その日は諦めて仕事へ行きました。
仕事中も気はそぞろ、逃げた猫の事が気になって
まともに仕事が手に付かない状況。
そんな状況も10時間労働を終えると
コンビニへ行って猫缶を買い、
逃がしてしまった場所へと急いで戻りました。
私の猫ではありません。
捨てられていて、ひどく可哀想になって、
一晩だけ部屋に住まわせただけの猫です。
その上、逃がしてから10時間も経過していて、
見付けられる自信なんかありませんでした。
ただただ、可哀想で探しにいったんです。
友人が探すのを手伝ってくれる、と言って
彼女と合流しました。
逃がしてしまった場所に辿りついて、
ふと呼ぶ名前が無い事に気付きました。
猫を飼っているその友人が、とりあえず今付けろ、と
無茶を言うので、好きな映画の主役の名前を付けました。
猫缶の蓋を開けて、いざ、
「ニキータ、出ておいでニキータ」
声を出してみましたが、当然、

その猫は捨て猫でニキータなんて名前でもなくて、
出て来るはずは無いんです。
「ニキータ、出ておいでニキータ」
名前を呼び始めて、二分もしませんでした。
カップラーメンですら出来ないような時間で、
「ニャー」
茂みからあらわれたその捨て猫が返事をしたんです。
私と友人は呆然として、
よれよれになった猫に買った猫缶をあげました。
「ニキータ・・・？」
「ニャー」
即席で付けた名前を呼んだら返事をしたその仔猫。
友人が呆然としたままの私に向かって言いました。
「運命だね」
私も運命だと思いました。
今まで生きてきて、あんなに、
あんなになにかを愛しいと思った時はありません。
その猫が“捨て猫”では無く、“私の飼い猫”になってから、
もう8年経ちます。
未だに、ニキータ、と呼ぶと（少し面倒くさそうですが）
ニャー、と返事をする愛しい猫です。
最愛のたからもの。

いろんな名前

アールグレイ、あい、アイ、アイラ、アイルー☆★、あおい、あか、アカネ、あかや、あき、アキ、アキちゃん、あくあ、アクア、アクセル、あくび、あずき、アズキ、アダム、あつし、アッシュ、アディ、アトム、アナ、アビ、アビエル、アビイ、あぶ、アベル、アポロ、アマンダ、あみ、アムリタ、あめ、アメ、あやめ、あゆ、あられ、アリー、ありん、アル、アルト、アルバート、アレキサンダー、アレックス、アンジ、アンジェラ、あんず、イズミ、いちご、イチゴ、いっくん、イブ、イヤシ、イリス、いろ葉、インギー、インディー、う〜ちゃん、ウーちゃん、ヴィー、ういろう、ウィンストン、うっレー、ウェンディ、うおちゃん、ウォルフィー、うこん、うず、うずら、うどん、うなぎ、うな平くん、うに、うみ、うめ、うめきち、うらら、うらん、ウラン、うり、ウル、うんな、エヴァ、エコ、エスナ、えにい、えび、えびす、エビス、エマちゃん、エミ、エミー、エム、エリ、エリー、エリザベス、エリザベスちゃん、エル、エルモ、おうじ、おうじろう、おかちゃん、おかめ、おぎー、オクラ、おこげ、オスカー、オセロ、おたま、おにいちゃん、おにぎり、おはぎ、おばさん、おはな、オハナ、おまめ、オスメ、おみ、おもち、ガーシュイン君、カーム、かい、かいちゃん、カイ、カィ、かぎっぽ、カゲマル、カシュー、がちゃぴん、かっちゃん、カツヲ、かのん、ガブリエル、かぼす、カボチャ、カム、カレン、カン、がんちゃん、かんな、カンナ、かんメル、がんも、ガンモ、キアラ、キースケ、きいちゃん、キキ、きく、きち、きっち、キッチ、キット、キティ、キティー、きなこ、きな子、キバジ、きび、キミ、キャスバル、ギャッツビー、キャロル、キャンチヨメ、キャンディー、きゅう、ぎゅう、きよし、きよん、キラ、きり、きりこ、キリン、ぎん、きんとき、くーちゃん、クーちゃん、くう、くうちゃん、くう、クー、クウ、グウ、クウガ、グーグー、くーさん、ぐうちゃん、クーニャン、クオ、クク、クッキー、くっちゃーねー世&二世、クッピー、くま、くも、クラウス、グラミー、くり、くりちゃん、くりまる、ぐり、グリン、くるみ、クルミ、グルメ猫、ぐれちゃん、グレ、グレちゃん、グレー、グレース、くろ、くろちゃん、クロ、クロエ、くろころ、くろすけ、クロスケ、くろのすけ、くろのにゃるす、クロ子、ケイ、けろ、げん、げんちゃん、ケンタ、コイデ、ゴウ、コウタロウ、こうめ、ごえもん、こーこ、ごきち、こぎんた、ここ、ココ、ここあ、ココア、コジ、コジロウ、こそあど、こたつくん、こたろう、こたろー、コタロウ、コタロー、こちゃ、こちよ、こつぶ、こてつ、こと、こにゃん、こねちょ、こぱ、こはぎ、こはるさん、コビッケ、コブチ、ごま、ゴマ、コマーブル、こまこちゃん、こまざわ、こまめ、コモ、こゆき、ころ、コロ、ごろ、ころっけ、ころべ、ころも、ころん、コロン、ごん、ゴン、コンソメ、ゴンち、ゴンベエ、ゴン太、サウザン、さか、さくら、サクラ、ザゴ、さたぼう、サツキ、さなえ、さばちゃん、サバ、さびまる、さぶ、サブ、サミィ、さみごん、さら、さらら、サリー、さん、さんご、サンゴ、サンタ、さしま、シアン、しーちゃん、シイちゃん、シーバス、ジェイク、ジェニ君、ジェリー、シエル、ジェル、シオン、じじ、ジジ、ジジちゃん、ジジ君、じじーた、じじける、ジジまる、しじみ、しずか、シド、シナ、シナモン、シフォン、しま、シマ、しまこ、シマコ、しましま、しまじろう、しめじ、ジャイアン、ジャイロ、じゃがいも、じゃこ、ジャスミン、ジャック、シャネル、しゃみ、シャミ、ジャム、シャラ、シャン、じゃん、ジャンヌ、シュー、じゅえる、シュガーちゃん、シュケ、じゅじゅ、じゅり、じゅりあん、ジュリー、しゅん、ジョウジョウ、ショーター、ショコラ、ジョジョ、ジョゼ、ジョセフ、ジョン君、しらす、ジル、シルヴェッタ、シルバー、シルビア、しろ、しろちゃん、シロ、じろう、ジロー、ジロー丸、シロクロ、シロタ、ジンギス、ジンクンちゃん、しんちゃん、しんのすけ、しんば、シンバ、しんぺー、しん太、スー、すう、すうさん、すうちゃん、すうぷ、すが男、すけさん、すず、スズキ、すずらん、スタア、スターナ、ステア、スティッチ、すな、スノー、すぱて、すみれ、すもーきー、すもも、スリーピー、セイラ、せら、セナ、セバスチャン、セフィ、ゼロ、ソナ、ソフィ、ソフィア、そぼろ、そら、ソラ、そうまる、たいちゃん、ダイ、タイガー、タイガー君、だいず、タイスケ、たーすけ、だいすけ、だいちゃん、ダイヤ、だい子、たかちゃん、たく、たくろー、タケル、たごさく、たじゅ だだ様、たっくん、たっちゃん、タニシ、たぬ子、たばさ、タビ、タフィ、たま、タヌ、たまご、たまっち、たまひめ、タミ、だやん、たら、タラちゃん、たる、タル、タルト、たろう、タロウ、たろにゃ、だんご、たんぽぽ ちー、ちーちゃん、チー、チーちゃん、ちぃ、ちぃ、ちぃちゃん、チィー、ちーこ、チータ、ちーちゃ、ちーにゃん、チーリン、チェリー、チェン、チカ、チカラ、チグリス、ちこ、チコ、チチ、チヂ、ちっち、チップ、ちはや、ちび、チビ、ちびた、チビタ、チビタ君、ちびたろう、ちびちゃん、ちびとら、チビにゃん、チビ子、ちび子、ちび太、ちゃー、チャー、チャア、ちゃあちゃん、チャーチル、チャーリー、チャイ、ちゃいこふすきー、ちゃうちゃう、ちゃお、ちゃこ、チャコ、ちゃたろう、チャタロー、ちゃちゃ、ちゃっこ、チャッピー、チャビ、ちゃぴえ、チャミ、ちゃむ、チャム、チャモ、ちゃら、チャロ、チャ太郎、チューちゃん、チュチュ、ちゅっちゅ、ちゅら、ちよ、ちょか太、ちょこ、チョコ、ちょった、チョッパー、ちょび、チョビ、ちょびた、ちょも、ちょろ、チョロ、チョン太、ちりめん、チル、ヂル、ちろ、チロ、ちろさん、チロタ、チンチラ、チンチ君、つな、ツナ、つぶちゃん、つゆ、ツヨシ、ツン、ティアラ、ティアラちゃん、ティーコ、ティガー、ティコ、ティック、ティッピ、ティティちゃん、ティミー、デエス、デール、でかニャン、テスタロッサ、てつ、テツミちゃん、テディ、テト、デラ、テル、デルピエロ、てん、テン、ドぶ、トゥイニー、ドオラ、とす、トト、トトロ、ドナ、トパーズ、とむ、トム、トムにゃん、ともちゃん、とら、とらちゃん、トラ、トラオ、とらお、ドラ、ドラオ、トラキチ、とらたろう、とらじろう、トラッキー、とらっち、トラッティ、とらのすけ、どらみ、ドラミ、ドラミちゃん、トランプ、トルーリー、とやお、とろ、どろん、どんぐり、トンちゃん、なー、ナオ、ナターシャ、なっちゃん、なっちゅ、なつつ、なつね、なっぱ、なつめ、ナツメ、なな、ナナ、ななこ、ななしさん、ナナちゃん、ななみ、ナム、なると、ナン、にぃーに、にーちゃん、ニーノ、ニキ、ニキータ、ニケ、にけよ、にこ、ニコ、ニコル、にこ猫、ニジー、ニニ、ニニギノミコト、にゃー、にゃーこ、にゃあ、にゃあこ、ニャーさん、にゃあた、にゃーた、にゃあ子、ニャオ、ニャゴラ、にゃら、にゃっきー、にゃにゃ子、にゃん、にゃんこ、にゃんきち、にゃんころ、にゃんた、にゃんたろう、にゃんたん、ニャンチ、ニャンチュー、にゃんにゃん、ニャンニャン、にゃんパット、にゃんぴー、ニャンペーター、アームストロング、にゃんわん、にゃん太、ニャン汰、にゅう、ぬこたん、ぬこぬし、ぬっこ、ネオ、ネギ、ねこ、ねこちゃん、ネコちゃん、ねこえ、ねこち、ねこっぺ、ねこやん、ねころん、ねこ吉、ネズちゃん、ねね、ネネちゃん、ネム、ねむさん、ねんねちゃん、ノア、のあ、のありんこ、ノエル、ノーティー、ノテ、ノブチ君、のら、のらちゃん、ノラや、のら猫くん、ノラ猫さん、のりたま君、ノワール、のん、のんちゃん、のんじ、のんた、ノンタ、パーキー、はあこ（はらぺここニャン）、パーチ、ハーブ、パール、ハイチ、はく、ハク、はぐ、ハグ、ハコ、ハセヲ、ハチ、はっち、ハッチ、パトラ、パトラッシュ、はな、ハナ、ハナちゃん、ぱな、はなこ、ハニー、バニラ、バム、ハヤテ、ハヤト、バリ、はる、ハル、ハルくん、はるお、ハルミ、はろ、バロン、ぱん、パン、はんじろー、ぱんだ、ビアンカ、ピー、ピーちゃん、ひーたん、ぴぃ太郎、ピキコ、ぴくちゃん、ピグレット、ひげみ、ピコ、ひだまりちゃん、ピックル、ぴっけちゃん、ぴっちょ、ぴっぴ、ヒデヨシ、ひな、ヒナ、ひなた、ビビ、ぴぴ、ひびき、ひみこ、ひめ、ヒメ、ピュア、ひょうちゃん、ひよこ、ひらかわぽこ、ピンキー、ピンク、ふーちゃん、ふーにゃん、フー、フーちゃん、ふう、ふうちゃん、ふぅ、ふぅちゃん、フウ、ぶぅ、ブー、プー、プーちゃん、ふぁいち、ブイ、フィニー、フィル、ふーじー、ぷーた、ぷうたろう、ブーツ、プーマ、フェリックス、ふかにゃん、ふく、フク、フグ、ふくじゅ、ふくた、ふくちゃん、プクちゃん、ふくのしん、ふじこ、ふじまる、ぶた、ぶち、ぷち、プチ、ブチョー、ふっこ、ブッチ、ぶぶ、ふぶき、ふみ、ふみちゃん、フミヤ、ぶもこ、ブライト、ブラウニー、プラム、ふらん、ブラン、フランソワ、ぶりた、ぶりちゃん、ぷりん、プリン、ブル、ぶるーぐ、ブルータス、ブルーニャ、ブルーベリー、ぷるこ、ふわり、ベイ、ベイビー、ペー子、ペー乃助、ぺこ、ペコ、へちまたん、べべ、ぺぺん、べり、べりー、ベル、べるちゃん、ベン、ホイホイ、ボウズ、ほうらい、ポー、ポコ、ぽこにゃん、ぽこみ、ほし、ボス、ボス様!!!、ほたる、ボタン、ポッキー、ぽっぽ、ぽてと、ポテト、ボブ、ぽぽ、ポポ、ホル、ホロ、ぽろんちゃん、ぽん、ポン、ポンゴ、ぽんた、ボンちゃん、ボンド、ぽんぬ、ポンポコ、マア、マー、まーちゃん、マーシャ、まぁぶる、まーぼ、マイク、マイケル、まいご、まう、まお、まく、マグさん、マグロ、マゲちゃん、まこ、マコ、マコト、まさこ、まさむね、またきち、まちこ、マチダマー、マック、マッシュ、まっちゃ、まなこ、マフラー、ママ、ママちゃん、マム、まめ、マメ、まめお、まゆお、まゆちゃん、まよら、マリア、マリー、まりも、マリリン、マリン、まる、まるちゃん、マル、まろ、マロニー、まろん、まろんちゃん、マロン、みー、みーちゃん、みーくん、みーさん、み〜ちゃん、み〜にゃん、みぃ、みぃちゃん、みい、みいちゃん、ミイ、ミィ、ミィちゃん、ミー、ミーちゃん、みいみ、ミーア、みいこ、みっこ、みーこ、ミイコ、ミーコ、ミー子、ミーシャ、ミィすけ、みーすけ、ミータ、ミー太、ミーチャ、ミィ野芯、ミーミ、ミーミーマウシ、ミウ、ミエル、みかん、ミク、みけ、みけちゃん、ミケ、ミケ子、みこ、ミコ、ミシェル、みしろ、ミソラ、みちこ、みちと、みちる、みつ、ミッキー、ミック、ミック・ジャガー、ミツバ、ミツル、ミト、ミトタン、みどり、ミナミ、ミニー、みぬ、ミハ、みはにゃん、ミフィ、みみ、みみちゃん、ミミ、ミミちゃん、ミモザ、ミヤ、みゃあ、みやー、みゃあ、ミャー、みやーこ、ミャーミャー、ミャーン、みゃお、みやお、みゃちゃん、ミユ、ミュー、みゆう、ミュウ、ミュウミュウ、ミヨコ、みよちゃん、ミラ、ミラクル、みりん、みる、ミル、みるき、みるきぃ、ミルキー、みるく、ミルク、ミルフィー、ミルミル、ミレ、ミロ、ミロくん、ミンコ、みんと、ミント、ムイムイ、ムー、むーちゃん、ムーちゃん、ムーラン、むぎ、ムギ、むちお、ムック、むっちゃ、ムム、ムムちゃん、メイ、めい、めぃ、メグ、めめ、メメゾウ、メル、めるこ、メルシー、メロ、めろん、メンフィス、モー、モウ、もうすけ、もーかる、もぉたろう、モーモー、もか、モカ、モカマタリNo.9、もぐ、モコ、モコナ、もしゃ、モジョ、もち、モヂャ、もとこ、モナ、もなか、もにゃ、モノ、モフ、もへあ、モミジ、もみじ、もも、モモ、モモちゃん、モモコ、ももたす、モクレ、モン、もんじろう、モンブラン、やす、やぶ君、やまだ、やまと、ヤマト、やんち、ヤンチャ、ゆう、ゆうすけ、ゆうた、ゆうちゃん、ゆうや、ユーリ、ゆき、ユキ、ゆきち、ゆず、ゆずき、ゆっこ、ゆめ、ゆん、ようかん、ヨーダ、よしお、よしむらぶー、ヨネチャン、よもぎ、ライ、ライくん、ライア、ライチ、らいちゃん、らいむ、ライム、ライラ、ラヴィ、ラグちゃん、らぞ、ラッキー、ラッキー方偉(ホーイ)、ラッテ、ラナ、らなちゃん☆、ラブ、ラム、ララ、らん、ラン、ランダ、らんちゃん、ランボー、リー、リージャ、りいる、りく、リコ、リスコ、リトル・バーステッド、リブ、リプリー、リポ、りみ、りむ、りゅう、りょう、りょうおうき、りょうお、リヨオマ、りら、りりー、リリー、リリィ、リル、リロ、りん、リン、りんご、ルー、ルア、るい、ルイ、ルーシー、るちあ、るな、ルナ、るぱん、ルパン、ルビー、ルル、るんたん、るんるん、レイ、レイくん、レイタ、れお、レオ、レオナルド、レオン、レタス、レディー、レナ、レミイ、レモン、れんちゃん、レン、レンゲ、ロイ、ローズ、ロク、ロシア、ロック、ロッティー、ロビ、ロゼン、ロミ、ロロ、ろん、ロンタロウ、わか、わさび、ワタナベ、わたる、愛、青空、暁（あき）、亜魅留、亜門、一休、雲丹、海魅、梅若、梅太、雲母、英一郎、桜司、小川チコ、海（かい）、花音、花梨、伽羅、綺羅、菊次郎、お絹、京極、金太郎、吟、銀、銀河、銀次郎、銀時（ぎんとき）、銀之介、空（くう）、熊井キク、紅呂、黒ちゃん、黒子、黒糖、健太、鯉太、幸（こう）、滉（こう）、小梅、心愛（ここあ）、小次郎、虎太朗（こたろう）、小太郎、小茶猫、小鉄、湖兎子、小虎、小寅、弖虎、粉（こな）、琥珀、虎坊、小麦、小桃、小雪、朔太郎、桜、咲楽、佐助、佐藤太郎、鯖助、次元、雫、澪、社長、秀太、寿寿（じゅじゅ）、純、順平、正吉、仁、鈴、鈴ちゃん、清作、空（そら）、蒼良（そら）、大吉、泰弛、玉、民（タミ）、太郎、太郎さん、男爵、茶、茶子、茶太郎、茶ッキー、茶ビー、長老（ちょろ）、珍李、椿、粒（つぶ）、鉄之助、手鞠、天使、天太、叶夢、虎、寅吉、虎太郎、虎之介、永遠（とわ）、直（ナオ）、夏季、奈々子ねーさん、仁弥王（にゃおう）、猫、猫ちゃん、寧々、海苔、花、華、晴（はる）、春斗、柊、秀吉、日菜、響、響鬼（ひびき）、姫、日和さん、福、福助、福太郎、福千代、福にゃん、藤子、不二子、部長、文世、文左衛門（ぶぅ～みい）、紅、坊、牡丹、麻（まぁ）、鏢、政宗、松、茉莉花、麿、満満、美依、三缶（みかん）、蜜柑、三木、三毛、美鈴、美月、碧、碧里、美々（みみ）、宮介、美優、美優ちゃん、美夜、美羅、美瑠来、麦、武蔵、銘太、綿、萌（モエ）、最音（mone）、桃、桃太郎くん、優、由（ゆう）、幸（ゆき）、幸子、雪丸、柚、柚太朗、夢、横山にゃすお、夜（よる）、蘭、蘭丸、瑯瑯（らんらん）、力丸さん、陸、龍之介、竜馬、凛、凛子、林檎、林太郎、凛太郎、琳琳（りんりん）、礼、蓮、Ag（ギンと読む）、ALEX、Allen "baby" Iverson、AMANA、amana、amo、Angel、Angie、Anixya、azzurro、B、bebe、BiBi、BON、Bon、buri、C、cecil、ChaCha、ciel、CIMBA、COCO、Cocoa、copain、Daigo、Dee-Dee、ECHIYU（エチユ）、FIFI、FLUFFY、Freddy、GiGi、GIZMO、GLAY君、Gor Gor★、gugo（グゴ）、hana、HANAちゃん、Hanna、HARU、Heart、Henry、hime、hina、jaijai、JAME$、Jane、jasper、jiji、JIJI、Julio（フリオ）、June、K、Ketty、KIKI、kisty、Kitty、Kola、Koma、KOU、kuu、Lalaちゃん、Le'iちゃん、Levi、Lily、luna、maco、Maria、Marlene、Mars、maru、may、McIlhenny（マックハニィ）、Mew、michiko-sun、mickey、Mie、Milk、milk、mimi、Mint、miru、miya、momo、momo-chan、mu、Nabi、NaNo、NECO、nero、nico、Nuts、Oliver、peace、pepe、petit、Pippin、PLATINUM、PON、prince J、pusyu、puu、Q、Qoo、rabuko、reon、Reu（ロイ）、rin、RL（アル）、Rock、roro、ROSE、Rosy、ROTA、Roy、Run、run、Rちゃん、sakara、santa、SENA、shiam、Shizuru、Smile、Sophie、sox、tama、tanco、TEN、teru、thomas-boo、tigger、Tiki、TOBI、Tobi、TONYくん、TORA、UN/Deux/Trois、URAME、Vega（ベガ）、vivi、YOYO、ZAP、zizi、ZIZI（ジジ）…

075　白い猫

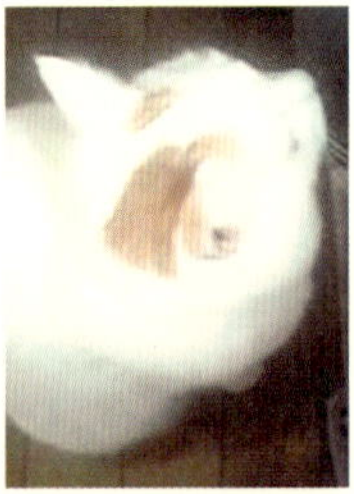

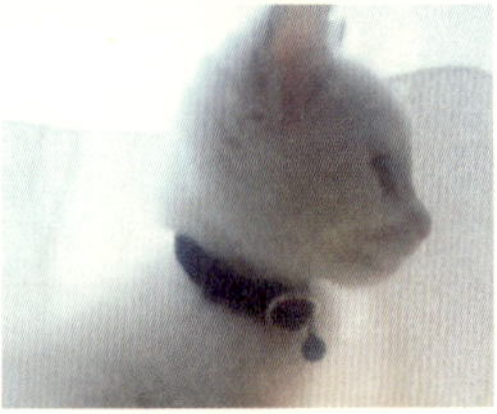

076　黒い猫

077　グレーの猫

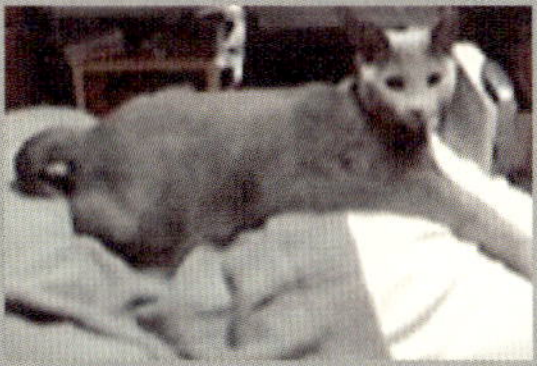

078　茶系の猫

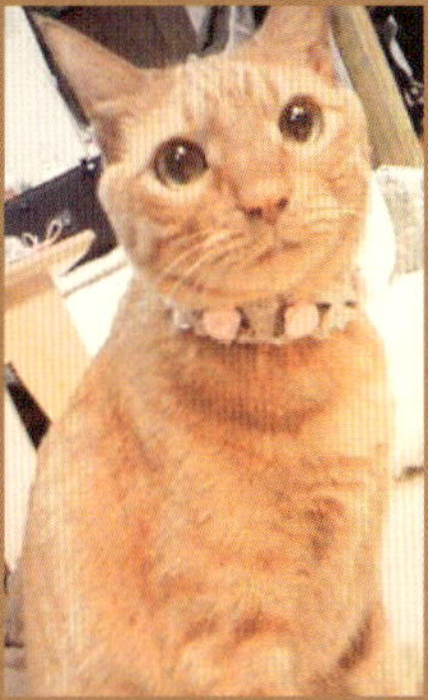

079　赤い背景のニャア

080　青色とにゃー

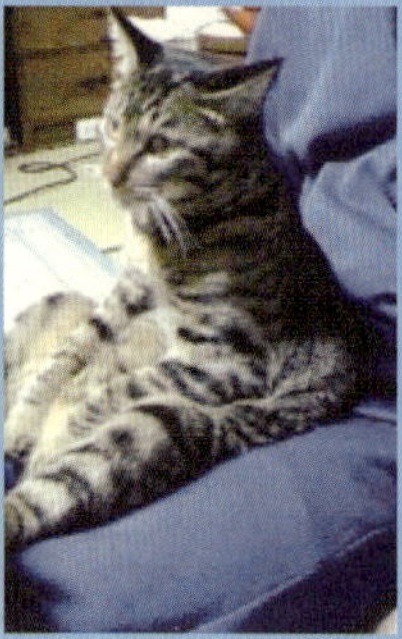

081　緑の中のにゃ

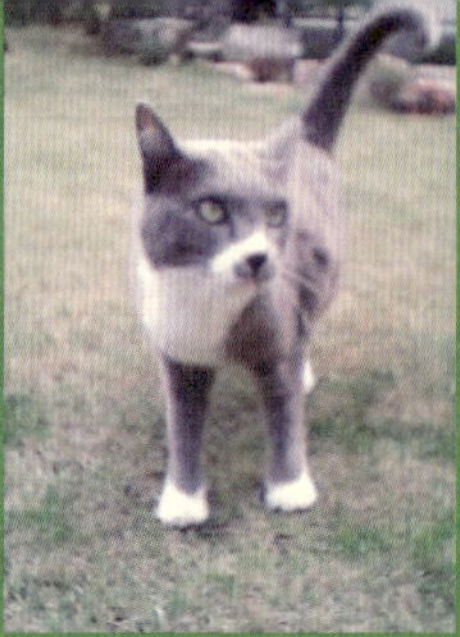

猫とくらす1

◎ジャンプ

100
寝てたらジャンプしてきます・・。
『遊ぼうよぉぉぉおお』です・・。

101
夫と初めてあった時、夫にジャンプしてよじ登り
いきなりいい人だと認定され夫は大感激。

102
ある日私が帰宅するといつものように部屋のドアの内側でドアが開くのを待ち、ドアが開いた瞬間 私の肩に飛び乗ろうとジャンプ！その日にかぎって私が物をおとして下向きにかがんでしまいました。そしてあられは肩に乗りそこなり、私の頭にぶる下がってしまいました。私の頭はあられの出した爪が刺さりおまけにそのままずれ落ちていくあられの重さでかなりの痛みが走ったのでした。

103
遊ぶときは高くジャンプ！
走り回りすぎてお口開けてはぁはぁ…
楽しすぎて疲れちゃうのはご愛嬌。

104
こわす・こぼす・噛み付くに・・・
かくれんぼ＆鬼ごっこをプラスして今月めでたく
1才になりました！
水は水道の蛇口からしか飲まない
夜は自分専用の毛布がないと寝ない！こだわりやさん！
こんなに、我がまま！なのに皆に愛されています。
1才に近づくたびに1段また1段と高さのハードルを上げ
瞳を輝かせてジャンプしている姿が誇らしいです。

105
ジャンプの着地の時、
どうして膝のクッションを使わないのか・・・。
猫タワーから降りるだけで、ものすごい地響きですよ。

106
YOYOはNYのマンハッタン生まれ　1歳のとき　階段から落ちて足を骨折しました　でも　夜中でも見てくれたチャイニーズの　ドクターのおかげで　足にピンを入れて　3ヵ月後には走れるようになったのです　今では　おてんばで高いところから　ジャンプします

107
おっとりしてて、ドジ。
よく、ジャンプに失敗して、コケてます。

◎降りられない

108

猫なのに、高いところから降りて着地できず、
尻餅つく可愛いコ。

109

猫らしからぬ行動力の狭さ。
上下運動は炬燵《こたつ》より高いと登らない、降りない。
常に肩に乗って降ろして、状態です

110

高いところへ登りつめるのが、
大好きなのか
習性なのか・・
思い余っていつもエアコンの上に
登っていきます。
それも玄関から助走をつけて、廊下を走りぬけ
一気にリビングのエアコンまで駆け上がります。
それは、それはすばらしい跳躍力です。
その後が・・・・大変！
実は、自力でおりられません・・
頑張れよ！龍之介！

111

高い所が好きなのに、登ってしまったらおりられず、
まるで「助けて！！」といわんばかりに
「にゃー！ にゃー！」と鳴きます。
タンスの上ならまだ下ろしてもあげられますが、
そういう時ばかりとは限りません。
家の中で飼っていた、たごさくは、外に興味津津・・・
ある日2階の窓から脱走・・・
高い所が好きな割にはそこから降りられないので、
屋根の上で案の定、立ち往生・・・
近所の人も集まってしまう位の大騒動になりました。
「あんた猫でしょ！ その位降りられないでどうするの？」
などなど激励をいただいていました。
たしかに・・・・
仕方がないので、2階から
ピクニック用のバスケットを紐で結んで下ろして、
そこに入ってもらって助けました。

112

ちょっと目を離した隙にベランダから屋根へ
そして自分では降りれない

◎ウトウト

113
しじみは眠くなってくると結構な確率でお腹を出し、
ばんざーいしながらウトウトします。

114
浴槽につかっていると、浴室まで入ってきてにゃーにゃー
鳴いて気を引こうとしたり、フタの上に乗って気持ちよさ
そうにウトウトしています。

115
私がうたた寝をしているとフゴフゴとそっと寄ってきて
一緒になってウトウト。

116
たまに早く帰って昼寝しようとパジャマに着替えると、
リビングの外からはやくしろ、といわんばかりの声。
出てみると、もう階段の一段目に座って、
2階に行くよ、と目が言っている。
後を追いかけて2階へ行き、布団にもぐりこむと
その上にドスンと座ってうとうと。
気がついてみれば布団の中に入ってきていたりする。
そんな、ちょっとだけ早く帰ってきた日だけのお楽しみ。

◎すりすり

117
私がベランダのドアを開けたら、
すぐに入り私の足にスリスリして甘えだす。

118
いっつもスリスリ、時には頭突き。

119
特に長時間家を空けたり、
意外と家にいたりすると、
すりすり、すりすりと寄ってきます。

120
いつもいつも attention をほしがってすり寄ってきます。

121
ペットショップでご対面
すりすりしてきて　(*´ェ`*)カワイイ～

122
しばらくすると、エサをあげても、エサには目もくれず、
すりすり、ゴロゴロと、私たち家族にくっついていました。

◎ふみふみ

123
しまいには、母の肩に登り顔を擦り付けフミフミしだす。

124
私の膝掛けの上でフミフミして
そのまま寝ちゃう姿がとっても可愛いです。

125
お気に入りの毛布で作った、通称『チュパベッド』。
日に何度も何度も、そこに入っては、お母さんを思い出して、ふみふみ、ペロペロするねころん。そのまま寝入ってしまって、空中をペロペロし続けてることも！
思わず笑みが漏れてしまいます。

126
ハニーは私をママだと決めてるらしい。
主人がいないのは許せるが私がいないと凄い怒ってます。
あまり長く出かけて帰るとあまりの嬉しさをぶつけるのにつめとぎをして治めてます。
そこがまた可愛い！！
そして抱っこするとふみふみして
私の服をチュッチュとしてます。

127

猫が"ふみふみ"をするというのは知っていました。
のどをごろごろ鳴らして甘える姿を、知人宅でも見たことがありましたので・・・。でも、この子が初めて"ふみふみ"しているところを見たときには、思わず涙がでてきてしまいました。誰もいない部屋で、自分のしっぽの先をチュッチュッと吸いながら、一生懸命に"ふみふみ"をしていたからです。まだまだ幼い時期に母猫から離され、冷たいケージの中で数ヶ月・・・柔らかいシーツも何もなく、母の温かさを思わせるものは自分のしっぽしかなかったのでしょうね。それを見たとき、私は、これまでの寂しかった分もたくさんたくさん愛してあげよう、愛したい、と思いました。
そんな出会いから2年経ち、今では家族の膝の上やベッドの上で"ふみふみ"をしてくれるようになった日菜。
ちょっと時間はかかったけど、私たち、やっと家族になれたかな？

128

人前ではまさに猫かぶりで大人しいくせに甘えん坊さんで、いまでもお気に入りの毛布をふみふみしながらおっぱいを吸うようにチュパチュパしています。
その時には必ず私は凛をブラッシングしなくてはなりません。少しでも手を休めると睨んで「ウ〜」と催促してきます。

◎シャー

129
家に来た最初はとにかく警戒が激しく、
小さな体で大きな口をあけて
シャー、シャー
と威嚇してばかり。
とにかく人が怖かったのだと思います。
顔合わせたら、シャー
ご飯を食べさせようと思ったら、シャー
首輪をつけようと思ったら、シャー
ただ違う用事で近寄っただけで、シャー
だんだんどう接していいのか分からなくなった時、
ふと近くを通りかかった時に抱き上げたら、
シャーと威嚇しない。
なでたらごろごろ言う。
ふとした時に、この人は安全だ、と
ゆずが認めてくれた瞬間でした。

130
ご対面初日
こつぶ：シャーッ！！！
おまめ：ギャーー！！！
翌日にはケージの中で２匹でくっついて寝ていました

131
久しぶりに実家に帰って寝ていたとき
足元からまうが布団の中に入ってきた。
あぁ。お姉ちゃんと勘違いしてるんだろうなって思いながら
じっとしていたら私の喉元まで進んできたまう。
私の顔を見た瞬間シャー！！！って威嚇
自分から布団に入ってきたくせに。。。

132
すぐに、みつかった。置き忘れられた原チャリの下。
ちっちゃいくせに、シャーーーー威嚇された。
でも、逃げない。逃げる元気がない。おなかが空いてる。
何も考えられない。連れて帰った。

133
小さい体を精一杯奮立たせながら
シャー！　シャー！
と牙をむく姿がいじらしくて、

134
私に、最初、シャーシャーいっていたホロが、
初めて（しかも夫にもしたことのない）添い寝を
してきてくれた時は、もう、涙モンでありました。

◎キック

135
枕の上がお気に入りで、頭を蹴られることもしばしば。

136
猫らしくコタツが大好きで、
私がコタツに足を入れたら噛んできます。
そして猫キック…
ごめん、あなたの場所なのね…
ちょっと足入れさせてね…

猫らしく布団の上も大好きで…
真ん中で枕もとってごろん
ごめんちょっと、枕かえしてよ…
と移動しようとしたら
かぷっ　キックキック

足を骨折して帰ってきて
大慌てで病院に行こうと抱っこしたら
「痛いんじゃぼけー」と言わんばかりに噛んできて
でもさすがに猫キックはできんかったね…

噛んでも蹴っても引っかいてもいいから
元気で長生きしてよ。

◎乗るのがすき

137
肩に乗ったり自転車の籠に乗ったりするのが大好きで
抱くと、「風の谷のナウシカ」のテトみたいに
くるっと肩を回って頬に頬擦りしてきます。

138
人に飛びつくのが大好きで、頭の上に乗っかる頃は
髪の毛が気になるのか人の頭の上に必ず乗ってきました。
今では、大きくなって頭にのることはありませんが、
今でも、腰を曲げると必ず背中に乗ってきます。
若干、うっとうしぃですが、
愛されてるなぁと感じる瞬間でもあります。

139
ベンチにいると
ひざに乗ってくる。

140
猫なのに飛行機に乗ること30回は下らない。
何処にでも一緒に出かける。

141
炊飯器の上に乗るのが好きです。

◎ガブリ

142

トラは、駅前の動物病院で、もらい手を探していた猫だった。
私が猫がほしいと、入っていくと、最初に目があったのだ。
そして、私が出した手にじゃれついて、
ガブリとひと噛み・・・・
ああ、この子、私と縁があるんだわ！
あのとき、噛まれなかったら、他の子をもらっていたかも・・・あんた、あのひと噛みで幸運を引き当てたのよ。
分かってるかしらね。
え？幸運をもらったのは、あんたの方じゃないかって？
そうかしら・・・・そうかもねえ・・・確かにね。

143

人にも猫にも立ち向かっていく喧嘩好きでメス猫好き。
そして冬のストーブは一番にあったかいところを占領する、
まるでやくざの親分だった。
てっちゃん親分の機嫌を損ねると大変だ。
気がおさまるまで腕や足をガブリ、ガブリ噛みまくる。
ご飯が遅いのガブリ、足りないのガブリ、それよこせガブリ、
そこどけガブリ。

144

余りにも噛み付くので「ガブ」に改名を考えている。

145
ガブリエルは恐ろしいほどに噛み癖があり、

146
そして今、夜は私と一緒に寝るのですが、時々寝ぼけるのか私の腕の付け根に噛みつきます。痛いです…。

147
親子喧嘩をすると「にゃーにゃー」言いながら
足元に噛み付いて仲裁。

148
とにかく我侭に育ってしまい…
私の膝から降ろそうものなら「うぅ〜〜〜」と
言って噛み付き
「お腹、空いた早くごはん頂戴！」と噛み付きます…

149
枕の上で寝ていて、無意識に手を伸ばした瞬間がぶり。
抱っこして頭撫でようとしてもがぶり。
そんなミラちゃんは、これでも家族の中で
私がいちばん大好きなのです。（たぶん）
悪気はないようです。
でも本気。
本気の愛情表現はとても痛いです。

◎鳴き声

150
彼女は肩がよく凝るらしい。
だから、今度は逃げられないように
ここが肩こりのツボではないか？
と思われる辺りをちょっと揉んでやる。
と変な鳴き声を時々出す。
これがかわいい。
ちょっとツボから離れていて
全然気持ちのいいポイントでないところを揉んでいると
自分で体勢を変えてくる。
時々絶妙なツボに当たると揉む力を加える度に
ニャッ・・・ニャッ・・・ニャッ・・・
と何とも言えないかわいい鳴き声が発せられる。

151
妹の友達の家の近くで「にゅぅにゅぅ」
という鳴き声がしたので振り向いたら、
ぷるぷる震えた小さい猫がこっちを見ていました。
にゅう0歳。私16歳。運命の出会い。（あ。妹。11歳）

152
あの日必死に泣き叫んだせいか、ニャンと言わず、
かすれ声でハァ〜ンと鳴きます。

153
「あごーう！なーごーう！」と変な鳴き方をするルナ。
お隣さんに「何の動物飼ってるの？」

154
我が家に初めてきたときより、ずいぶん大きくなったふみ。けれども、ホロにとってふみは、いつまで経っても赤ちゃんらしく、移動させたいときには、ふみの首をガブッとして持ち上げようと未だにします。そのたびに、ふみは「ミャアアアア！！」と悲鳴。

155
こんなにラブリーな外見なのに、鳴き声は「じゃーじゃー」。

156
人に遊んでもらうのが大好きで
TV見ながらや手を抜いて適当に遊んでいると
人の顔をジッと見つめて
「にゃあ」と鳴いて文句を言います

157
お腹をもちあげると「ギャ」という鳴き声をだしていたので
一度病院へ連れて行きましたが、なんの病気でもなく
ビックリしているだけだろう。とのことでした。

◎肉球

158

ふと眠っているアッシュの肉球をみると、
可愛い肉球のテディが！！
猫ちゃんには生まれつき可愛いテディが4匹いるんです。
愛猫のテディを確認しては可愛いなぁって。

159

はじめて出会い、
はじめて触った肉球。
触った瞬間に思い浮かんだ名前、
ポケモンに出てくる「ピッピ」。

160

ミャーの肉球がたまらなく好き。テディベアが潜んでいる。
プリプリでしっとりしてた掌（肉球）。
おじいちゃんになった掌（肉球）には、シワが刻まれている。
これまで歩んできた・踏みしめてきた
ミャーの人生が滲みでている気がした。

161

当時肉球もカサブタのように固く、
約5ヶ月の野良猫生活を物語っていましたが、
現在は すっかりプニプニのやわらかい肉球になりました

162
息子とさくらは
さくらが子猫の時は息子がさくらの肉球にさわりながら
一緒に布団に寝ていましたが、今は敵！！！
肉球さわるどころか息子は
「なに？？？」見たいな目つきで見られて
怖がっております＾＾；
だけどごくたまに
一緒にテレビの前で仲良しでいることもあります。

163
太郎さんは どんくさいので、ドアは自分では開けれません。
いつも、ドアをぺたぺた叩き、
「にゃぁ～」と開けて下さいとおねだり。
肉球がドアのガラスに映り　かわいい。
そのかわいさにドアを開けに。
結局、ドアの管理は私。

164
【私だけが知っているかわいいとき】
まだ早朝で私がベッドで寝ていると、Mewが枕元に現れて私の髪を梳かしながら、肉球をむんずと私の顔に押し付けたこと。何故そのような行動を取ったのかは、謎です。

082　さわられる猫

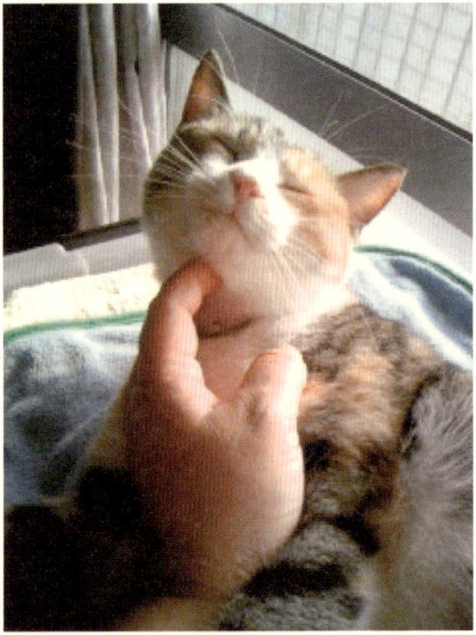

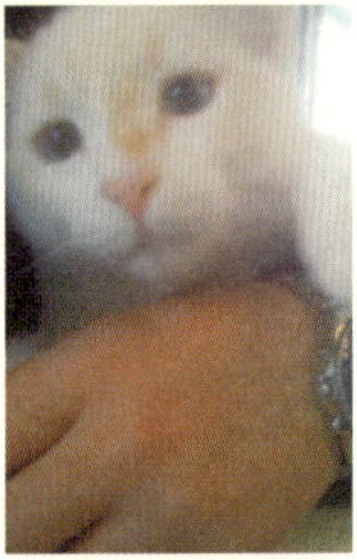

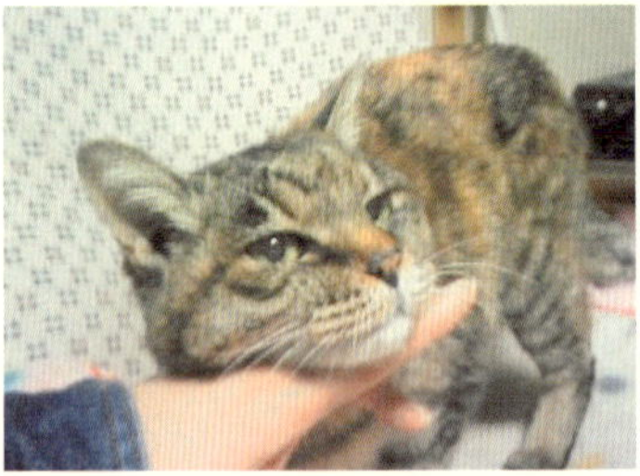

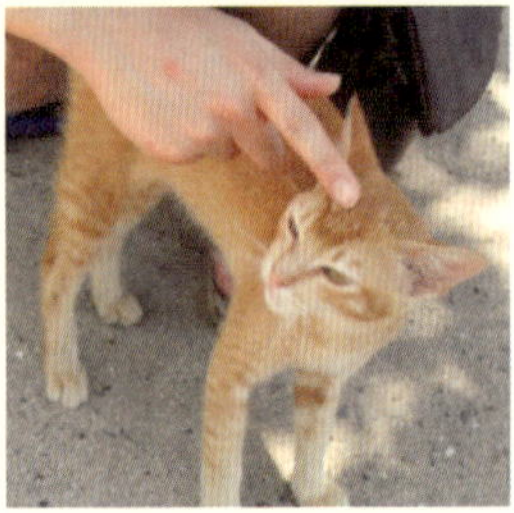

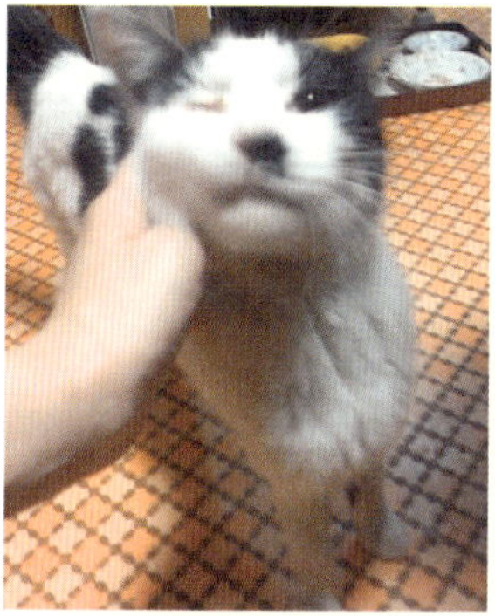

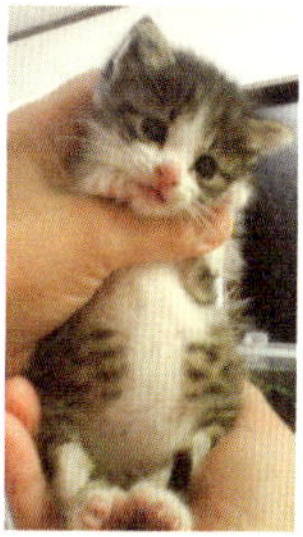

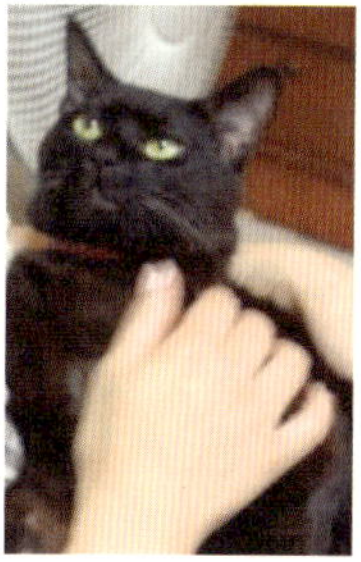
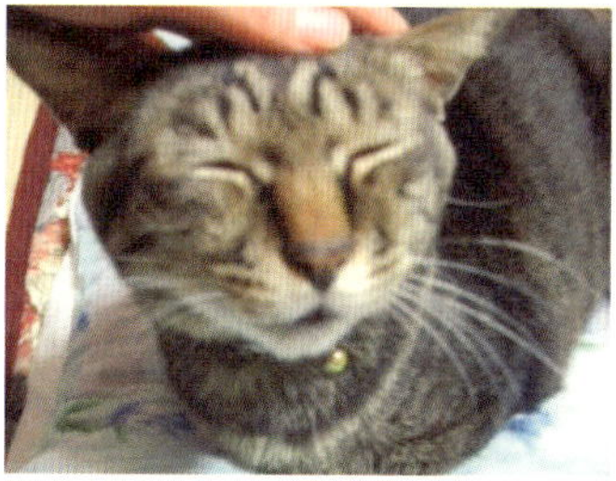
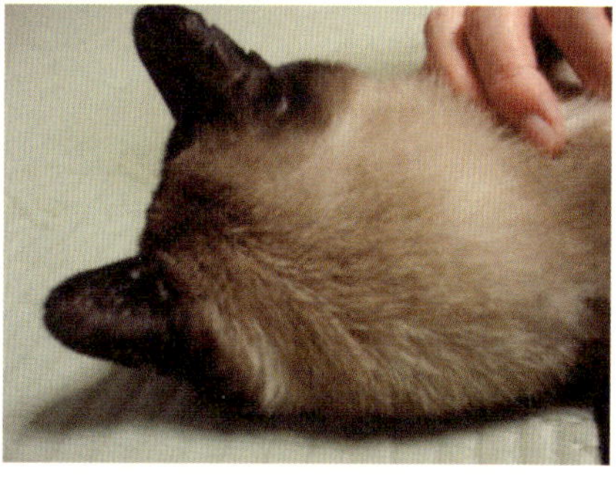

083　あくびする猫

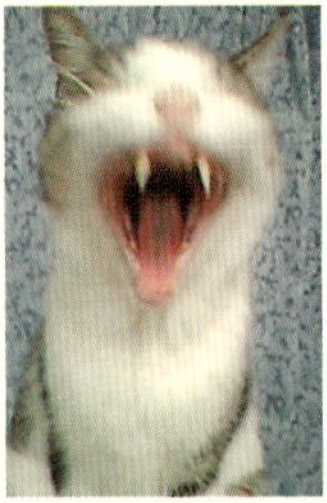

084　舌をだす猫

085　見つめる猫

086　見ひらく猫

087　見あげる猫

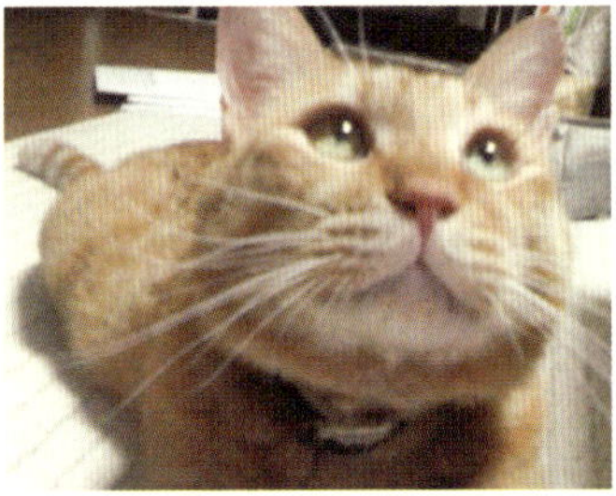

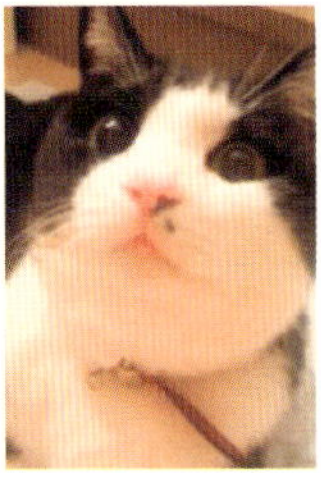

088　おどろく猫

089　どアップの猫

090　にらむ猫

091　泣きそうな猫

092　肉球な猫

093　肉球を見せる猫

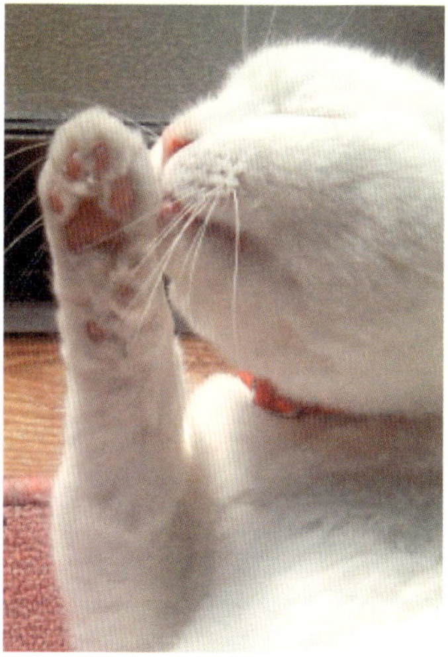

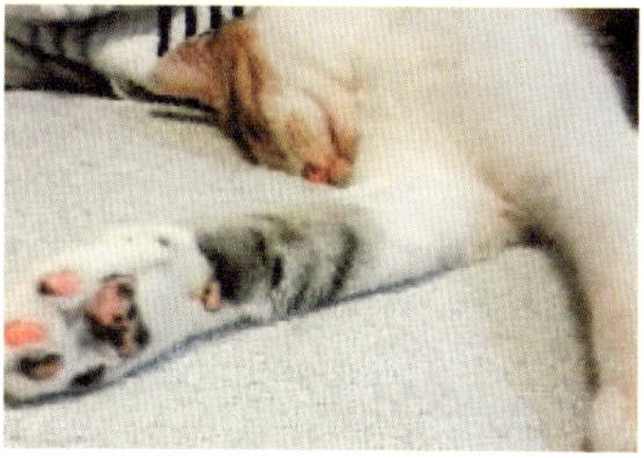

094　いろんな手

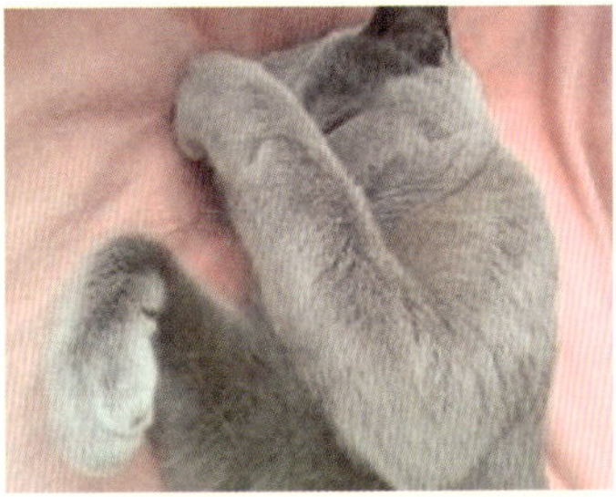

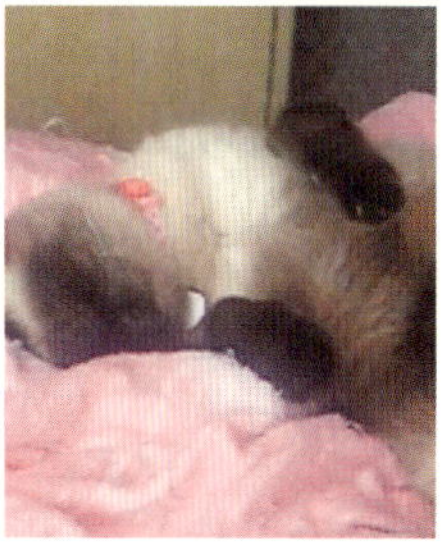

095　いろんな全身

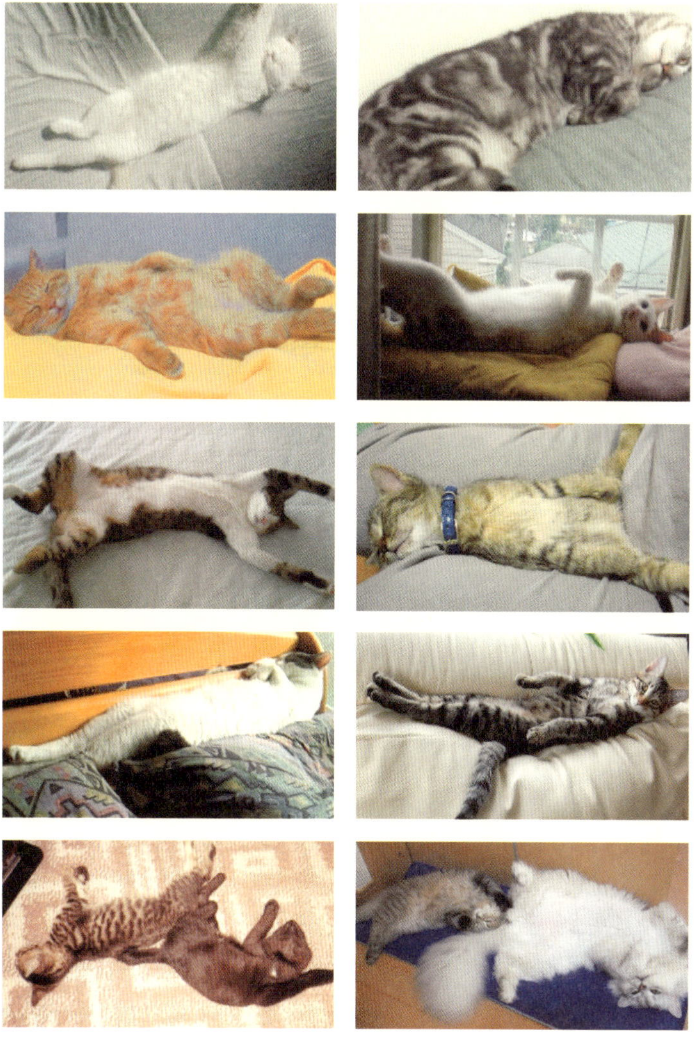

096　まがる猫

097　まがれない猫

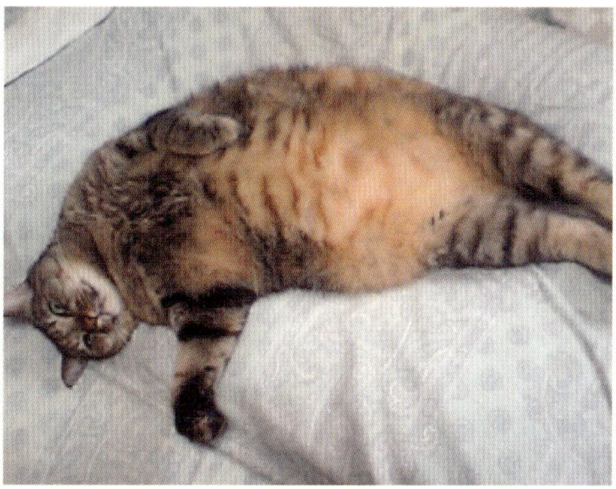

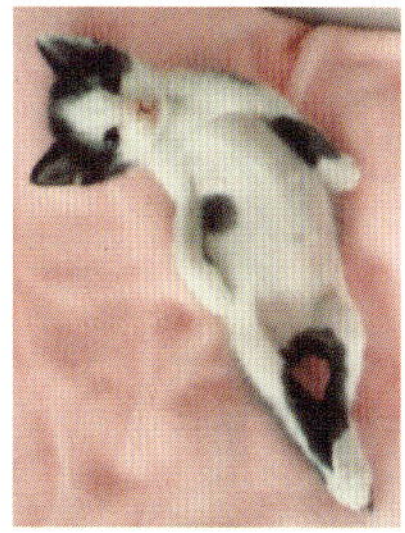

098　眠い猫

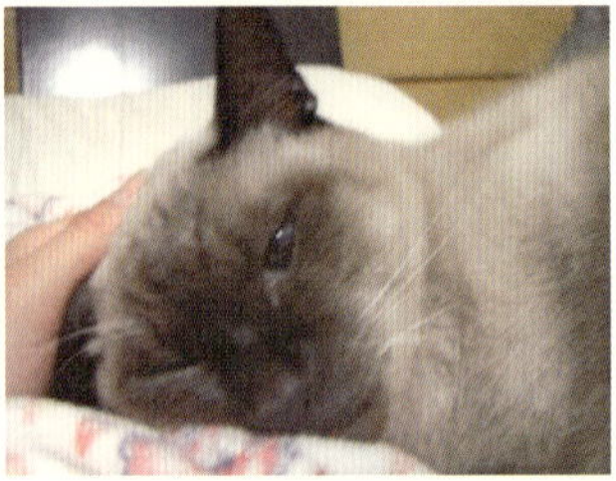

099　寝てしまった猫

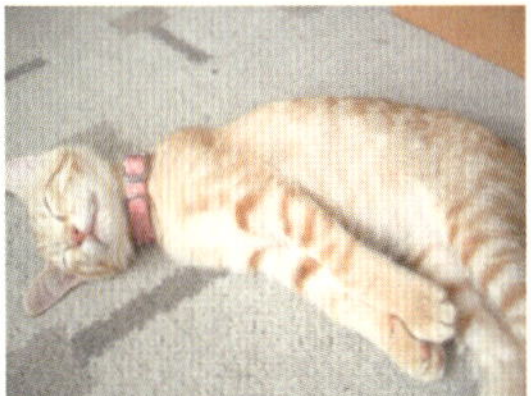

100　おやすみ猫

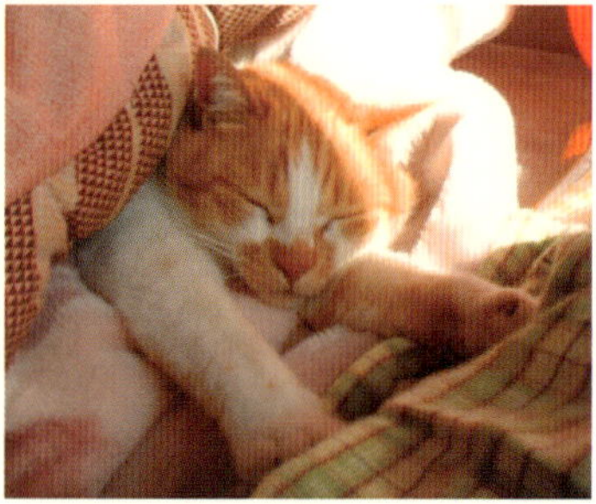

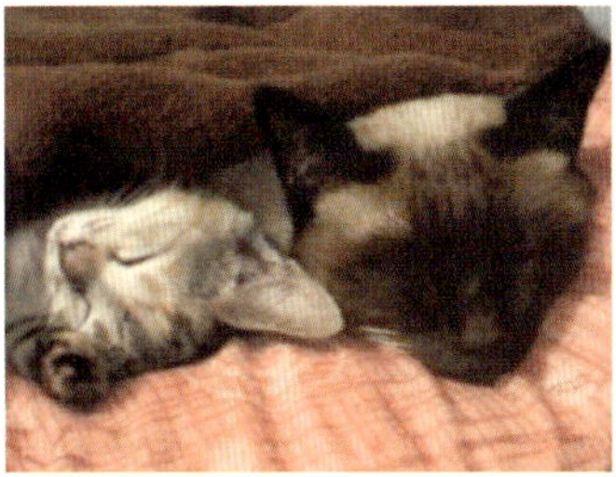
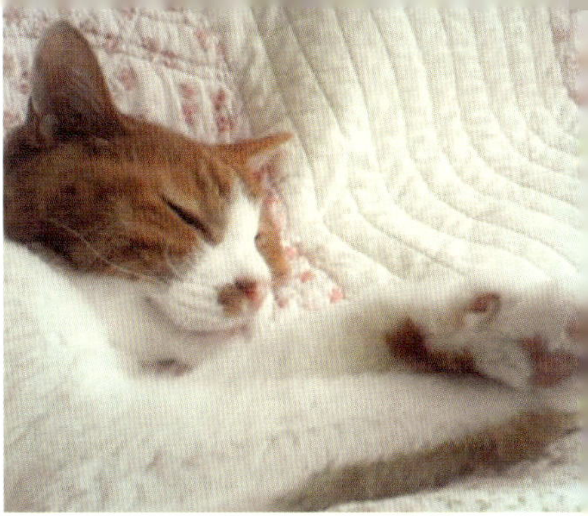
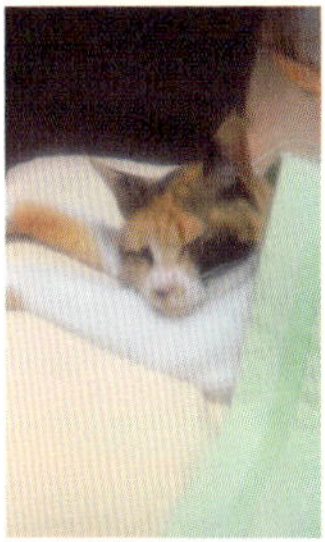

101　寝顔猫

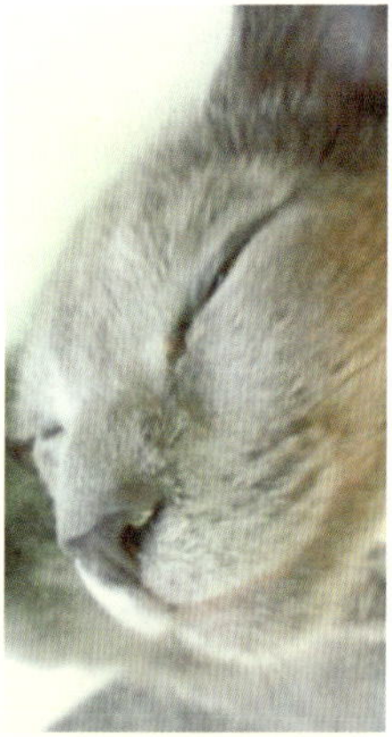

102　良い夢の猫

103　うつぶせ猫

104　枕がほしい猫

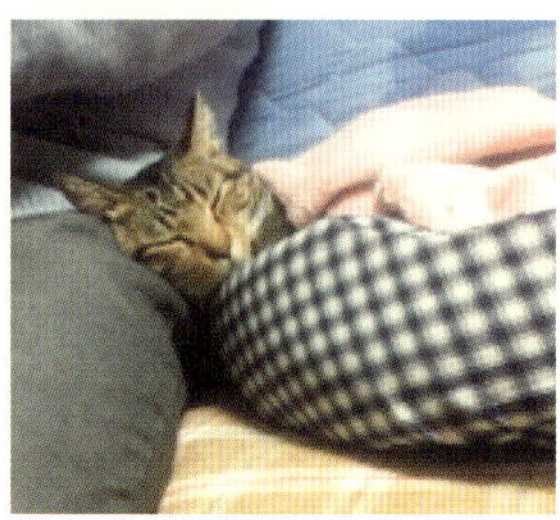

◎枕

165
寝る時はしっかり枕を使う。

166
まくらがすきみたい。
リモコンでもよく寝れるょｗｗ

167
いつの間にか家にあがりこみ、
人の足をまくらにすやすやと眠っています。
ごろごろ。

168
腕枕で寝たり、胸を枕にして寝たりは当たり前。
私の首で寝たり、
枕を一人で占領するから
ハヤテのおしりにくっついて私が寝たり。

169
とにかく、眠る時に枕が無いといけない子だった。
昼寝は母の腕枕。母がいない日中は
座布団をちょうどいい位置に調整して眠っていた。
ちょうどいい高さなら、この通り、一升瓶でも構わない子だ。

170
富山の雪国の猫とは思えぬほどの寒がりで、
布団でも枕でも隙間あらば
何処にでも無理やり入っていきます。

171
夏の暑い日は足元に寝ていて、
冬はお布団の中に入ってきます。
そこまではわかるのですが、このにゃんにゃんは何故か、
潜っていったかと思うと頭だけだして、
ちゃんと枕に頭をのせて寝るんです。
時にはこっちをむいて、時にはそっぽをむいて。
気が付いたら目の前に、デーンと御尻があることもしばしば。

172
最初の日には、私の一人暮らしの部屋にいたはずなのに
いなくなっていてどこをどう探しても見つからない
という小さな事件があったのですが、
枕カバーの中で寝ているのを
小一時間ほど探したあとに見つけました。

173
手のひらサイズだったあの頃から3年。
今では枕に近いでかさになりました。

◎腕枕

174

いつも私の腕枕で寝ています。
腕に顎を乗せたときに「ふぅ・・・」ってため息をついて
子猫の顔になるのがたまらなくかわいいです。

175

お気に入りの場所はいくつかあるけど、
「ママちゃんの布団」。
するするともぐって行っていつの間にか添い寝。
ママちゃんの腕枕が一番！

176

私が横になると、わざわざ起きてきて
私の側に来てゴロンと横になり
腕に前足でチョンチョンと合図して腕枕をさせる。

177

仔猫の鳴き声に気付いた母が私の部屋に来るまで、
私は萌の出産に気付きませんでした。
もちろんその日も私のうでまくらで寝ていた萌。
シーツには足元まで続く破水のあとがありました。
ギリギリまでうでまくらで寝ていたんだね。

178
どうしたら私にも懐いてくれるのかと悩んでましたが、
雪が降り始め寒いせいか、私の布団の中に入ってきて
腕を枕にし寝るようになりました。

179
ぬいぐるみのようなブーブ。
いっつもお腹を出して、転がっていたブーブ。
冬は布団の中で、私に腕枕をせがみ、
朝まで一緒にねていました。

180
旦那さんの腕枕で眠り　イビキをかいて寝て、
ときにはお腹の上で熟睡してることもあります。

181
トイレに行くときも、お風呂に行くときも
絶対についてくるし、寝るときもあたしの腕枕。
7キロ近くあるので、お腹の上に乗られると・・・

182
くまは私の腕枕で眠り、顔を私の顔にうずめ
喉をならしながら眠りにつくのです。
しかし寝息が荒く私の耳元で
いつもふんがーふんがー言って寝てました。

183
甘えん坊なチコ。
このホットカーペットはおじいちゃんの
特等席なのに。。。
誰より早くこの場所に来て
手足伸ばして
「ん〜〜あったかあったか。」
新聞紙をおじいちゃんにかけてもらって
「たまりませんな。」
このあと決まっておじいちゃんの腕枕で
お昼寝タイム。。。

184
気まぐれなのあ。
お昼寝はその時の気分でいろんなとこで寝るけど、
夜寝る時は必ず私の布団の中。
冬は、掛布団と毛布の間がお気に入り。
もぐって私の腕枕でぐっすり。
そんな寝顔を写真に撮りたいとカメラを向けると
恥ずかしがっていつも顔を隠してしまいます。
でもそんなのあがとっても可愛い。
一緒に寝ている私しかしらないのあの可愛い一面。
もうすぐ結婚して引っ越してしまう私。
私がいなくてもちゃんと眠れるかな。
のあに何て説明しようかな。。。

◎寝るとき

185
いつのまにかいびきをかいて寝てるくう。

186
寝る時は常に口が半開き。

187
どこに行くにもついてきて、
お風呂の前で待ってたり
寝る時は必ず一緒に階段を上るよね。

188
寝る時もこちらを見ていちいち反応してくれます。
そしてかわいさをふりまく！
寝るのも仕事っすねーおつかれさまです。笑

189
いつも寝るのは別々なのですが、
先日私がインフルエンザでて寝込んでしまった時、
ベットに入ってきてずーっと一緒に寝てくれました。
その後一緒に寝ようとしても全然きてくれません。。。
猫は治癒力があるというけれど、
隣でずっと看病してくれていたのかもしれません。

190
朝かあちゃんがまだ寝ていると…
爪の先で　先っぽだけでまつげにタッチするんだ。
これ　ぼくの得意技。ぼくのお手々器用なんだよ！
忙しいの？　ほんとに貸してあげるってば！

191
自分を猫だと思っていません。。。
私を彼女だと思っているみたいに、
毎日横で上を向いて寝ています（笑）

192
こはぎのお気に入りの場所の１つは、
カーテンハンモックです。
このカーテンのたるみの部分を
ハンモックとして利用しているみたいです。

193
布団の中で本を読んでいたら、待ち焦がれた猫たちが
私の上で寝るのを催促。２匹乗ってると、かなり重い…

194
ワタシの布団に入りたくて、ワタシがどかないと、
高いところからダイブしてきます。
一緒に寝るんじゃなくて、あくまで、どけ、と。。。

195
お隣さんがだっこして連れて来たのですが
かなり鳴いていてビックリしたのですが　私がだっこすると
嘘みたいに鳴きやみ、スースー寝てしまいました。
真っ白で目がブルーな可愛らしい子に
「うちの子にします」の言葉しかでませんでしたよ。

196
どんなにまるくなって寝てても、
ねてる時になでると、体を思いっきりストレッチして
可愛いポーズ
ねてます★
なんでかな？リラックスするのかもね★

197
のびきったにゃーたはおなか全開で腕もバンザーイ☆いつもの凛々しい姿からは想像もできないほどのびきって寝ます(笑)そしてどこを触られても無反応。私たちから見るとバンザイして伸びきった寝づらそうな姿なのに、本人はスースーと幸せそうな寝息をして寝ています。そして目が覚めるといそいそと元の凛々しい姿、顔をして座りなおします。

198
悪いこと大好き。いたずらっこです。
いじけたときは箱寝です。

199
一通り暴れたら、天使のような寝顔でスヤスヤ。

200
こたつ布団やスカート、布団の２重になったところが大好きでそこじゃないとけして寝ません。
わたしが座り始めてあぐらをかいて手で合図を出すと一目散に飛んできてまってましたといわんばかりに自分で寝たいように体勢を整えて、そこで何時間も眠り続けます。

201
毎晩、たまは私と旦那の間に挟まれて寝るのが好きだ。
三匹、川の字になって寝るのがなんとも幸せなひと時。
時に様々なことに悩み、
離れて暮らす両親を想い眠れない夜がある。
そんな時、旦那に言った。
「ねぇ、眠れないんだけど」
すると旦那は言った。
「目を瞑って、たまの子守唄を聞いてごらんよ」
目を瞑るとたまの幸せいっぱいの子守唄が聞こえてくる。
ぐーぐーぐーぐーぐーぐーぐー
ぐるぐるぐるぐるぐるぐるぐる
ぐーぐーぐーぐーぐーぐーぐー
たまの子守唄に癒されながら、自然に笑顔がこぼれてくる。
そして気付くとすがすがしい朝を迎えている。

◎朝

202
朝が苦手な私を、いつも起こしてくれたぷりん。私の部屋は引き戸の出入り口だったので、朝方「ガタガタッ」という音と共にぷりんが入ってくる。その時点で脳がぼんやりと起きてきて、ぷりんが近づいてくるのを待っていると、続いて「……フゴフゴフゴフゴフゴ」という音が耳元で始まる。鼻息で起こしてくれるのだ。ありがたいやら、気持ち悪いやら。

203
冬になると、人の枕元にやってきて、布団に入れろと鳴き、
気がつかないと鼻やほっぺを舐めます。
それでも気が付かないと鼻や顎を甘噛みして起こします。

204
毎朝6時になると、ベッドに来て顔を舐めたり、
「ドスン」とばかりに体へ飛び乗ったりして、
私を起こしてくれます。

205
朝、目覚ましがなると夫を起こしに行く。
お腹の上に乗り顔を手でチャイチャイと触る。
それでも起きないと、軽ーく爪を出して起こす。

206

毎朝、5時くらいに私を起こしに来ました。
しかも…顔を狙ってのネコパンチで（笑）

207

毎朝目覚ましより先に、おまえが起こしてくれるようになった。寝起きの悪い私に、ザラザラの舌でがっつり鼻の頭を舐める戦法、耳に口をくっつけて大音量で鳴く戦法、耳たぶをかじる戦法。肩に頭をつけてググッと身体を起こそうとする戦法。とにかく職場に遅刻せずに行けているのはおまえのおかげだ。

208

まだ、眠りから覚めるか覚めないかの辺りで、
バラバラと顔に何かが落ちてくる。
独特な匂い。これはまさか。。。。
目をあけると、私の上にのっかった、ちいさなムムが、
サイエンスダイエットの、袋をくわえて、
ブンブンふりまわしているではないか。
いっしょうけんめいくわえてるから、そこから穴があいて、
ぼろぼろと、サイエンスダイエットが、
私の顔にふりそそいでくるではないか。
ごめんね、おなかすいていたんだね。
おきますから、これ以上、
サイエンスダイエットの雨は。

209

朝、ゆずに「○○ちゃん起こしてきて！」というと、
たーっと二女の部屋に走って行き、
一生懸命鳴いて起こしているのがとても微笑ましいです。

210

私を起こすときは、鳴いて呼んだりすることは
絶対といっていいほどなく、
プラスチックの袋をカミカミして音を出して起こします。
私の顔に長～い毛をフワフワふれさせたりもしていました。
ストレートよりも頭脳プレイでしたね。

211

大きくなってみるとやんちゃなお嬢さんぶりは素晴らしく、
毎朝私のベットへ起こしにきてくれます。
今日は私の鼻の下を
チクチクした手でちょいちょい押してこられました。
無視して寝かけると絶妙なタイミングで
ちょいちょい攻撃を受けます。

212

我が家でも、狩をします・・ターゲットは、ゴキブリ＞＜
私が寝てたら、わざわざ起こして見せます
ｷｬｰ q(|||｀□´)(｀□´|||)p ｷｬｰ
一気に目が覚めますよ＞＜

213
草木も寝静まる丑三つ時
ガチャ・・・ガチャ・・・・カリカリ・・カリカリ・・・
な〜おー・・・な〜おー・・・・・
ガチャン！！！！
にゃあああああああああああああああああああああ
深夜にドアノブにとびついて扉を開け、
熟睡している私を起こしに来ます

214
毎朝私を起こす事で格闘してます。
まずは私の頭の周りをぐるぐる歩いて合図。
それでも私が起きないと、
今度はCDプレーヤーの上に乗ってプレイボタンを押し、
音楽をかけます。
それでも私が起きないと、私の頭の下に潜り込んで
頭を持ち上げるんです。その力の強い事！
初めはすべて偶然だと思いましたが、
何度も何度も同じ事をするので
今はこの子の頭の良さを確信してます。

215
毎朝5時ぴったりに母を起こし、
母がトイレに行ったのを見届けると
安心した様にまた眠りにつきます。

post card

料金受取人払郵便

浅草支店承認

1800

差出有効期間
平成22年
10月31日まで

111-8790

東京都台東区蔵前2-14-14 中央出版
アノニマ・スタジオ
猫とくらす 係

☒本書に対するご感想、猫や猫との日々への想いをお書きください。

このはがきのコメントをホームページ、広告などに使用しても 可 ・ 不可 （お名前は掲載しません）

猫とくらす

100430

この度は、弊社の書籍をご購入いただき、誠にありがとうございます。
今後の参考にさせていただきますので、お手数ですが下記の質問にお答えください。

Q/1. 本書の発売をどうやってお知りになりましたか？
□書店の店頭　□ Webサイト「Cat-and-Me.com」　□友人・知人に薦められて
□その他（　　　　　　　　　　　　　　　　　　）

Q/2. 本書をお買い上げいただいたのはいつですか？　平成　　年　　月　　日頃

Q/3. 本書をお買い求めになった書店とコーナーを教えてください
書店　　　　　　　　コーナー

Q/4. この本をお買い求めになった理由は？
□テーマにひかれて　□写真にひかれて　□エピソード / インタビューにひかれて
□自分の投稿が載っているから　□その他（　　　　　　　　　　）

Q/5. 価格はいかがですか？　□高い　□安い　□適当

Q/6. 猫の特に好きなところはどこですか?

Q/7. 本書以外に猫の本を持っていますか？ よければ冊数やジャンルも教えてください。
□持っている（　　冊程度 / 持っているジャンル　写真集・漫画・エッセイ・その他　）
□持っていない

Q/8. 好きな（おすすめの）猫の本があれば教えてください。

Q/9. よく見るWebサイトがあれば教えてください。

Q/10. 現在のあなたの「猫とのくらし」「猫との関係」を教えてください。

Q/11. 今後、どのような本を読みたいですか？ 自由にお書きください。

お名前　　　　　　性別　□男　□女　　　年齢　　　歳
ご住所　〒　　　ー

ご職業
Tel.　　　　　　e-mail

今後アノニマ・スタジオからの新刊、イベントなどの各種ご案内をお送りしてもよろしいでしょうか？　□可　□不可

ありがとうございました

◎離れない

216
部屋にいる時は常に私の上でゴロゴロ。
歩いている時は足元にまとわりついてゴロゴロ。

217
『なついた』というより、
むしろ凄い執着心で、
私の行くところをついてくる。

218
ソファで昼寝してると足の間に入るのが大好き。

219
一緒に起きて、一緒に仕事に行き、一緒に帰って
一緒にご飯食べて一緒の布団で寝る

220
踏まれても踏まれても足に絡み付いては一時も離れない
甘えん坊に育ってしまいました。
バルコニーで洗濯物を干すときも・・・
網戸越しに鳴き叫び、
しまいには網戸を登りだし下りれなくなって・・・
下手に網戸も開けれない始末でしたね！！

221
勉強中もずっと私のそばを離れないれお。わざと教科書やノートの上に座り、かまって〜アピールしてきます★

222
私が朝起きてバスルームに行けば、
ついてきてバスルームをうろうろ。
キッチンに行けばついてきてうろうろ。
とにかく私のストーカーみたいに、どこでもついてくる。
視線を感じてふっと顔をあげると、
この子がじっと私を見つめている。

223
抱っこして下ろそうとすると、そぉ〜っとツメが出てきて「おろされるもんか」という意気込みでしがみついてきます。
また、定期検診で病院に行くと、かごを開けても逃げようとせず、わざわざ私の胸に飛び込んできて腕の間にはまって、じーっとして身体をおしつけてきます。

224
高校生の頃、学校からの帰り道に細い路地の隅っこで丸くなって鳴いていた仔猫。思わず抱き上げたら、しっかりとひっついて離れなくなってしまった。
自転車に乗っていたのだけれど仕方なくそこに自転車を置いたまま、仔猫を抱いて家に帰った。

◎家に帰ると

225
私が出掛けるとき、
玄関までついてきて、見送ってくれます。
私が帰ってくると、
玄関で待ち構えていて、出迎えてくれます。

226
私が仕事から家に帰ると、
いつも満面の笑顔で出迎えてくれる、さくら・・・。

227
私が入院して２週間家を空けた時
退院して家に帰るとエリが「ニャーゴ　ニャーゴ」と何度も何度も鳴き身体をすり寄せて来ました！
普段めったに鳴かない子なのに。
きっと２週間も居なかった私に「お帰り！寂しかったよ！」
そう言ってくれているように感じました。

228
毎日、仕事が終わって家に帰る時ほど楽しみな事はないです。
ドアを開けた瞬間にフクの声が聞こえます。
私を待ってるというより、
エサの催促をしてるのでしょうけど、何でもいいのです。

229
家に帰るといつも階段にいて、撫でてもらいたそ〜に
こっちを見てきます。
撫でてやると階段の上で落ちそうになりながら
気持ち良さそうにごろごろころがります。

230
ドアを開けた瞬間ニャーニャー大合唱。

231
私たちが帰ってくるとものすごい勢いで鳴いて
足元に絡みつき、ひたすら体をなすりつけてごろごろ。

232
家に帰ると玄関まで「にゃー」っとお迎えをしてくれました
よくフローリングで滑って転《こ》けてました

233
私にはなつくことなく、抱っこすら嫌がるのに、
家に帰るといつも窓から覗いてお出迎えしてくれる

234
ある日私が買い物から家に帰ってくるとテレビ台と壁の狭
い隙間に無理やり入ろうとして動けなくなり、お尻だけ出
ている状態で「フーッ！！」と威嚇してきた事もありました。

235
まだ中学生だった私は、学校が終わると早くトムと
遊びたくて走って家に帰ってました。
トムも待ち構えていたように私に駆け寄って来ます。
まるで子猫というより子犬のよう。。。
両手を傷だらけにしながらしばらく遊んだ後は、
私のひざで丸くなって気持ちよさそうに寝てしまいます。

236
金魚を飼った時。
仕事に行く時に
『金魚ちゃん。ちゃんと見ててね。
 ティーコが面倒見るんだよ。』
『ニャ～ン』
家に帰って来た時、いつも玄関まで来るティーコが来ない。
『ただいま』
遠くの方で『ニャ～』
声の方へ行って見ると・・・・。
水槽にかじり付いて見ている
ティーコが居るではありませんか。
『何してるの？』って声を掛けると・・・。
チラっとこっちを見て『ニャ～ン』
いかにも『私ちゃんと見てたよ。』って
その姿を見て笑っちゃいました。

237
普段は鳴くことが少くツンツンしているくせに、ご飯が
欲しい時や夜など家に帰ってきた時は玄関でにゃーにゃと
甘えた声と鳴き。上目使いで訴えてきます。

238
たまたま、用事があり、職場から先に家に戻った時のこと。
子供がいない、と、文句を言われたんです、猫に。
誰にこの話をしても、笑われるだけなんですけど、
本当なんです。
玄関を開けると、家の奥から駆け足でやってきて、
私の足元についてまわり、
ミャーミャーミャーミャー
すごい勢いで鳴きまくりました。
子供と一緒に戻ると、知らん顔しているくせに、
私だけが帰ってくると、必ず、ついてまわって
文句を言うように激しく鳴くんです。
それから、猫が話をしているのが、
なんとなくわかるような気がしてきました。
猫バカ、なんでしょうけど、
今、思い出してもとても嬉しい気持ちになれます。

239
家に帰れば尻尾を立てて走ってくる、
そんなに急がなくてもどこも行かないのに・・・

240
秋になり、やっと退院出来た私はチャロの待つ我が家へ。
内心、忘れられているんじゃないかと
不安で一杯になりながら玄関を入ると...
それまで見た事もないほど嬉しそうに、タタタッと
足音を立てながらチャロが駆け寄ってきてくれました。
匂いを嗅ぎ、スリスリ、ゴロゴロ...。
通じないなりに、一生懸命何かを話しているような様子で、
2ヶ月姿の見えなかった私を
心配してくれている気さえしました。
ニャーニャーと鳴いているだけだったのですが、
私には「おかえり」と言われているようで、
ちゃんと私のことも家族と認識してくれていたんだなぁ
とジーンとしてしまいました。

241
人が帰ってきた隙を狙って、ダッシュで出て行くから
捕まえられない！
しかし毎回出て行こうとするわけではなく、
お家にいたい気分の時にはちゃんと玄関で
お出迎えの「にゃ〜」
そしてすかさずストーブの前で「にゃ〜」
(当時は北海道に住んでいました)
寒い！早く点けろ！････とでも言っていたのだろう･･。
寒くない時は、ごはんの置いてあるドアの前で「にゃ〜」

◎遊ぶ

242

やんちゃで三度のメシより虫とベランダが大好き

243

遊んで欲しいときは　お気に入りの　猫じゃらしを　咥えて

「ふにゃ　ふにゃ　ふにゃ」と何とも言えない声で

鳴きながらやってきて私の　足元に落としますw

244

クロは「かくれんぼ」が大好きです。と言っても、いつもクロが鬼です。私が柱からちらっと顔を出して隠れたフリをすると、「あっあっあっ」とテコテコ歩いてきて、見つけると「ヒャー」と叫びます。

245

お腹をなでると、手足を「ぐ〜ぱ〜」して

踊っているみたいで可愛いです。

246

チロお気に入りのおもちゃでこつこつ遊ぶようにしていたら…チロに「遊び要員」として気に入られた様子。

今では帰省すると近寄ってきて「にゃ〜〜〜」と鳴かれます。

「遊びなさい」と言っているのです。

247
すぐ気づいたけど既にチンチ君は屋根の上、捕まえようと追いかければ多分逃げてしまうでしょう。窓から猫缶を叩いて見せたり、カリカリの袋を振って呼んでも全く見向きもしません。そこで秘密兵器の登場です。「ウサ毛ボンボン」(と、うちでは勝手に呼んでました) 釣り竿型でゴムひもの先に兎《ウサギ》の毛のボンボンがぶら下がった猫用のおもちゃで、チンチ君はこのおもちゃが大のお気に入りでした。(激しく遊び過ぎて、買ったその日に破壊した位大好き) このおもちゃを見せると大抵の場合、すごい勢いで飛びついて来るので、部屋の窓からこの「ウサ毛ボンボン」をちらつかせてみました。しかし、何度も脱出を阻止されてたのと、久々のお外だからか、こっちをじっと見てはいるものの、なかなか寄ってくる素振りがありません。私は「ウサ毛ボンボン」をぶんぶん振り回しました。チンチ君の目は徐々にボンボンに釘付けになり、首をその動きに合わせて振っています。しめしめ、もう少しだ…と、より激しく振り回した時、うっかり屋根の上に落としてしまいました。窓は高さがあり、一旦、1階の屋根に降りないと拾えません。拾いに行ったら逃げちゃうだろうなぁ…どうしよう？と、思っていた矢先、なんと、チンチ君は窓の下に素早く近寄ってきて、ボンボンを口にくわえて私の部屋の窓にピョーンと登ってきて「落とすなよ〜」という感じに「ブニャーン」と鳴きました。私はチンチ君の頭を撫でながら、そーっと窓を閉めました。

248
とにかくいつも一緒にいたい、一緒に遊びたいミロ君です。特にキャッチボールが好きで、夜中だろうが、早朝だろうがお構いなしに、お気に入りのマスコット人形や靴下の丸めたものを口にくわえてもってきます。寝ている時は私の顔の横に置き、ねえねえと顔を触ります。それでもおきてくれないと思うと　枕もとの棚から私の顔めがけて落としてきます。それでもダメなら・・・自分の水のみ場まで行き、たっぷり水に浸して顔に落としてきます。さすがに無視し続けることもできず、キャッチボールに付き合う羽目になります。

249
人間でたとえるならいい年したオッサンだけれど
ふわふわのピンク色のボールが大好き。
夜中に寂しくなると、ボールをくわえてニャー！と鳴き
部屋の前に置いて行きます。
「僕が来たよ。あそんでよ」の合図。

250
「ひろちゃん、あそぼーな!」
パソコンみているといつもキーボードにのってきます…
まるで、あそんでほしいから拗ねてるみたいでかわいい!!!!
まだまだ甘えたさん、1歳半のもへあでした(・ω・)

◎デブ猫ちゃん

251
6年前は手のひらに乗る、わんぱく小僧だったのに。
今では体重6kgのおデブちゃん。
まるでビールっ腹のぐうたらなおっさん。
体が重いのか少し移動してドベーっと。

252
ダンボールが届くと、とりあえず入ってみる。
体重が7キロとちょっと大きい子なんですが・・・

253
ちょっとおデブですが、私の天使です。
6歳まで、元気にしていてくれて、本当に嬉しい。

254
最初のうちはうまく歩くこともままならない
子猫ちゃんでした。
今ではすっかりでぶでぶです。

255
二匹に運命を感じて引き取ってから早一年半がたちました。生まれて二ヶ月だったチビ二匹は
今では体重が五キロになり、大人しさは何処へ…

256
おデブ、デブちゃん〜〜
「えさには、花かつおをまぜてよ。」
そう言って、花かつおが出てくるまで
じーっと人間を見つめている。
体重もいつの日か6キロを超えて足もすっかり短くなった。
ねーさんの歩く音はドシドシと音がする。
「奈々〜」と声をかけると
何度も何度も戻ってくる20回の記録を持ち
飼い主の歌声に合わせて抱かれるのが嫌いな
ねーさんの怒りの声が飼い主の歌声とひとつになり
「北の宿から」を歌いあげる。
表情豊かで脂肪たっぷり短足だけど逃げ足は速い、
そんな奈々子ねーさんは私たちの宝物である。

257
とても大人しい子で、無駄鳴きもせず甘えん坊で
体重7Kのデブ猫ちゃん。
食べる事が大好きで食卓に刺身があると鳴かない分、
態度でしめして貰えるまで
私の椅子の横から絶対に動きませんでした。

258
ああ　また負けてしまった
かつお節をあげてしまった

259
顔もまるまるの大福もちみたいになってます

260
ちっちゃい頃
（と言っても3ヶ月だったので2キロありマシタが。）は、
クリオネみたいで可愛かったんデスが、
今では7キロの巨漢！ツチノコみたいデスにゃん（笑）

261
去勢したのが遅くて
その後10キロ超えのオデブにゃんこに・・
でも　家から出たことがないので自分をネコだと思わず
家族の会話には絶対参加
家族が外出して戻ると　小さい子が留守の間にあったことを
一生懸命報告するように足元にまとわりついて
必死で語りかけてきます

262
可愛がりすぎていつの間にか
10キロの大きなデブねこさんになりました。
でも、運動神経は抜群！
ただのデブねこではありません。
部屋の中を飛び回っています。

263
冬になると、きまってこの猫は私の布団の中にもぐりこむ。（夏の間は暑くて辛抱たまらんらしく、冷たいフローリングの上でしか寝ないのだ。）私も生来の寒がりなもので、彼女が布団の中に入ってきてくれるのは願ってもないことだった。
だが、ひとつ大きな問題があるのだ。うちの猫はおでぶ。相当なデブ猫なのだ。足のそばで寝てくれるのは大吉。おなかの上で寝られるのは、まだ許そう吉。胸の上で寝られると、苦しくて凶。胸の上に立ち、両前あしで以ってもみもみと均されはじめたら最後。大凶だ。
ああ、いたい。おい、その二つの小高い丘はお前の小さな前足じゃあ到底均されまい、おやめなよ。何度もそう言って聞かすのだが、なかなかやめようとはしない。とうとう、この山は若干平らになってきているのだが、まったく恐ろしい。
しかし、大凶でも楽しみはある。もみもみと勤しんでる彼女の前にそっと小指を差し出すと、母猫のそれを思い出すのかちゅうちゅうと吸い出すのだ。吸っているときの至極幸せそうな顔といったらない。目を細めて、ウットリとしている。ああ、きっと私も同じような顔をしているんだろう。悔しいが認めざるを得ない。彼女が幸せそうな顔をすると私も幸せになるのだから。
朝になり、狂ったように鳴いては朝ごはんを要求してくるのは、また別だが。

◎甘えん坊

264
最初は一匹狼?猫で、野生のエルザでしたが、
今では　可愛い　と言う言葉を理解していると思うほど
べったり愛され　甘えん坊にもなりました。

265
2ヶ月という期間離れてしまったためか、
力丸さんはさらに甘えん坊に。
私の元に帰って来た力丸さんは、ペット用ベッドを買っても
ペット用フリースを買っても見向きもしない。
お気に入りは私のヒザの上になってしまいました。
それからは、私は力丸さんをヒザの上にのせるために、
力丸さんは私のヒザの上にのるために、
毎日毎日ソファでダラダラする日々が続いています。
そして力丸さんは毎晩、私のうでまくらで寝ています。
とんでもなく甘えん坊になってしまいました！
どうしましょう！

266
小さい頃から猫一倍甘えんぼで、
常に私たちのあとをくっついて歩き、
スキあらば、ころんっとおなかを出して「なでて」の催促。

267
我が家の早起き1番はまりも。
2番はわたし。
3番は二女ニャンのころも。
ころもが起きて来るまでの時間はまりもと私の時間。
ころもに遠慮ぎみのまりもが私にべったり甘える時間です。

268
あまえんぼうで
だっこすると首のしたにあたまもぐりこませてきた。
ひざにピョンとくると
わきのしたにあたまつっこんできた。

269
あまえんぼで、抱っこしてほしいアピールで
私の目の前でゴロンと寝ころぶことが、日課です。

270
人見知りの臆病で、私にべったりの甘えん坊。
そこがまたいじらしいの〜。

271
えさが欲しい時や、甘えたい時に
キラキラお目めになってじっと見つめられます。

272
拾われて来た頃、にゃんころはまだ赤ちゃん。
人間が母代わりになって育て、可愛くて可愛くてみんなで
面倒をみていたせいで、にゃんころもすっかり甘えん坊。
ある日、母が庭いじりで庭に出ていると、
寂しくなったのか啼いて母を呼びます。
ですが、母は庭に夢中で気が付かない。
・・・すると、年老いたオス猫が、優しい声で
「にゃ～」（どうしたんだよう）
とにゃんころに向って一啼き。
「おっちゃ～ん、独りでさびしいんだよう」
にゃんころは、真っ先にオス猫の傍に擦り寄り、
身体を密着させておっちゃんと一緒に寝始めました。
「・・・お、おい」
普段、このおっちゃん猫は赤ん坊のにゃんころを
うるさがり、にゃんころが傍に寄ると、
煙たそうに離れて行った。
けど、この時ばかりは
擦り寄ってきたにゃんころを受け入れ、
ぎこちなさそうににゃんころに添い寝してやったのでした。

273
甘えん坊さん
いつも、首や、耳たぶなどにチュッチュッしてて、
離れません・・

274
政宗は、とってもやんちゃなコで
あっちにドタドタこっちにドタドタ…もう家の中はいつも
めちゃくちゃ。
でも、すごくあまえんぼうなところもあって
私の洋服のそでをぴちゃぴちゃとなめ続けます。
なぜか、旦那には見向きもせず、私にだけ…
嬉しいやら、そでが濡れて冷たいやら…

275
あまえんぼうで人間のそばをはなれません。
外出のときは決死の鳴き声でいかないでと鳴いてます・・。
おもえばまだ幼児です。
すくすくと育ってくれますように・・。

276
抱っこもお膝もキライなヂル。
だけど寛ぐ時はいつも私のとなり、寝る時は腕枕、
名前を呼ぶとなぁに？って言ってるかのように
真っ直ぐな目で私を見つめます。
旦那は「ほんとヂルはクールだな」って言うけれど、
私にとっては甘えっ子です。

277
起きたらすっかり忘れて　またゴロゴロ甘えてきたよ

278
一人になったとたん、甘えッ子になりました。
常に私か夫の膝にいます。
抱っこされても自分を見ていないと
前足で顔を叩いて見ろといいます。

279
でもそんな暴れっぷりのあとでも、膝の上から離れず熟睡してしまうほどの超甘えん坊でもあるので血が流れても許してしまうのです・・・。

280
遊び疲れてしまうと、
膝の上に乗ってきて寝てしまいます。
それから10分くらいたつと
起き上がり→背伸び→ブルブル→向きを変えて寝る

281
必ず傍に寄ってきて
ベッタリと体を密着させて寄り添ってくる『りく』
そのぬくもりを感じられることの幸せ。。。

282
うにゃにゃん・・と甘えます。

◎言葉がわかる

283
無事に大きく育った今、覚えた言葉があります。
「ごはん」「おやつ」「だっこ」です。

284
年を取るにつれて、自分を人間だと思い込み
コミュニケーションが取りやすくなってきました。
名前を呼ぶ。返事をする。問いかける。返事をする。

285
みかんはとってもおしゃべりな女の子。
それも声に抑揚があってなんだか言葉を解っているかの様。
メイクをしている時に横で「ニャァ〜〜〜？」
さも「ねぇねぇ・・・そのメイクちょっと古くなぁい？」
服を着替えていると
「ねぇねぇ・・・今日はそれなの？こっちの方がよくない？」
なんて親ばかなお話ですが、
彼女は必死になにか私にアドバイスをしてくれます。
他にも日頃横でニャオニャオ言っている彼女。
それは女同士の秘密のガールズトークの様な・・・。

286
おいでって言葉が大好きだもんね。飛んでくるもんね。

287

みんなが話していることが分かるみたい？　で、『○○（家族の名前）をそろそろ起こさなくちゃ』などと話していると、知らない間に話題の人間が起きてきて、『キャロが起こしに来た』ということがあったり、うちに遊びに来た近所のおばちゃんが、『黙ってここにいるならねずみでも取ってきなよキャロ！』といった所、トコトコと外へ出て行き、数十分もしたら本当に捕まえてきたことなど。。

288

蓮が小さい頃夜になっても帰ってこないことがありました。
その時に母が寝ずに探し回り、
「蓮ー！　れーんー！！」と夜中に騒ぐので
近所から何事かと心配されるほどでした。
私や姉のことよりも心配していました。
そんなとき蓮は決まってめんどくさそーに
とぼとぼ歩いて帰って来ていました。
心配している母がすぐに抱っこして家に入ります。
その時の蓮の顔は猫でなく人ですね。
めんどくさいのが表情からにじみ出ています。

289

病気で苦しい中私が「怒ったりしてごめんね」と言ったら
顔を縦に頷いてくれたんです。
私の言葉が分かったと信じています。

105　のぞく猫

106　でかける猫

107　ドライブに行く猫

108　映画を見る猫

109　日傘の猫

110　おしゃまな猫

111　新聞を読む猫

112　くつろぐ猫

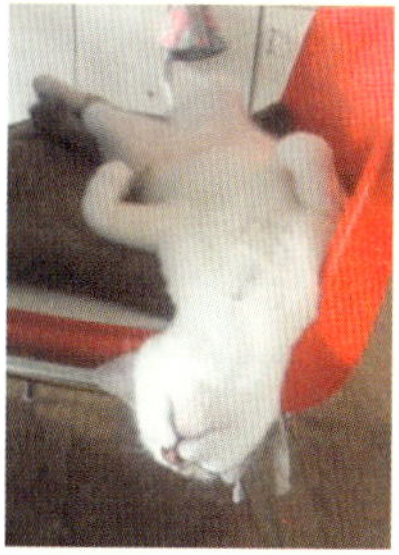

113　マッサージ中の猫

114　鍛える猫

115　キスな猫

116　ハート形の猫

117　ウインクな猫

118　恥ずかしがりの猫

119　てれる猫

120　そっと見の猫

121　いたずらをした猫

122　のぞいていた猫

123　かくれる猫

124　息をひそめる猫

125　あとをつける猫

126　探しまわる猫

127　電話をする猫

128　追いつめる猫

130　助けにきた猫

129　たたかう猫

131　謝る猫

132　たびだつ猫

133　飲む猫

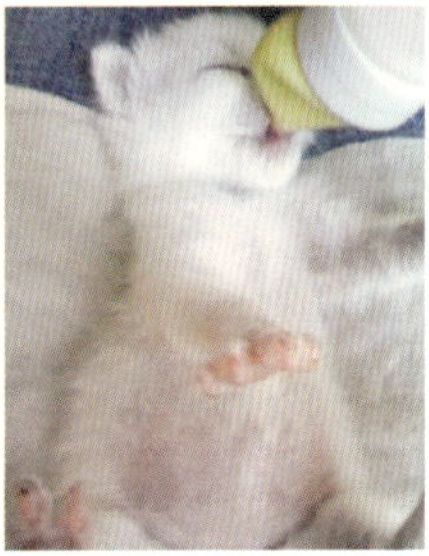

134　呑む猫

135　呑み過ぎた猫

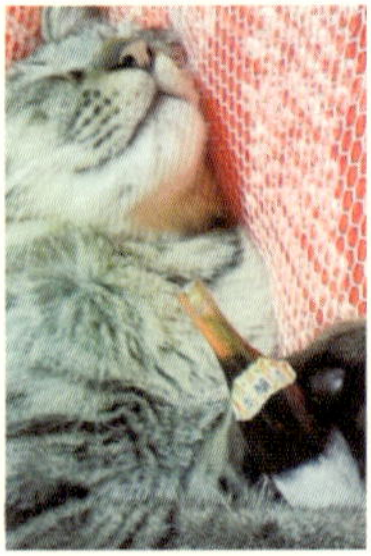

136　招く猫

137　招き猫

138　おがむ猫

139　めでたそうな猫

140　ダイタンな猫

141　畏《おそ》れる猫

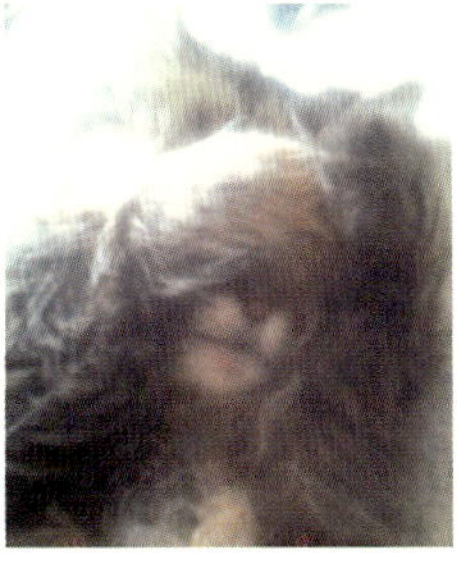

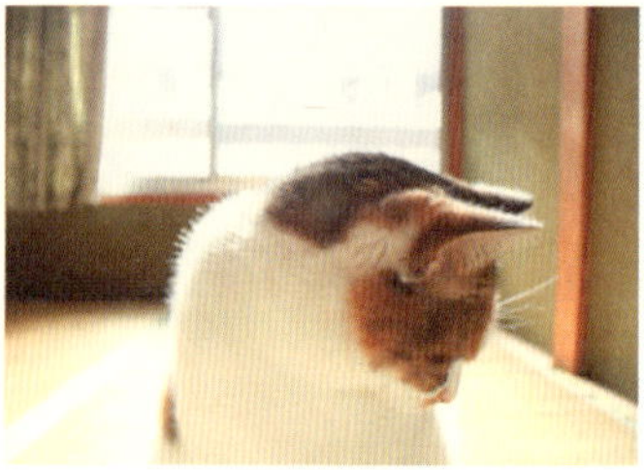

143　日本文化に親しむ猫

○○と

144　イヌと

145　チーターと

146　ライオンと

147　小さいクマと

148　小さいキリンと

149　大きいキリンと

150　小さい生き物と

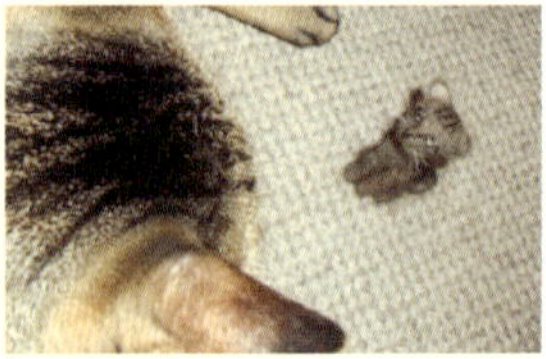

151　頭だけのネコと

152　カエルと

153　ヒツジと

154　ペンギンと

155　でっかいヒヨコと

156　よくわからない何かと

157　箱と

スポーツ

158　キャッチ

159　ボクシング

160　シュート

161　ガード

162　ファインプレー

163　野球

164　すもう

165　腹筋

166　なわとび

167　木登り

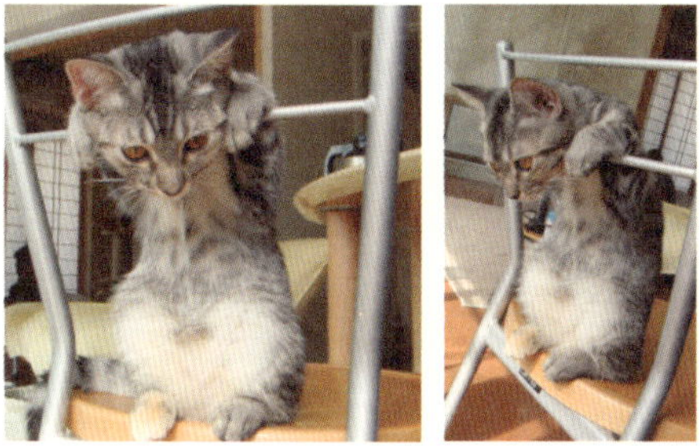

168　鉄棒

169　つなわたり

170　大車輪

171　ジェットスキー

172　新体操（リボン）

173　レーシング

174　グラウンド

177　クライミング

175　カーリング

176　バック転

家族と猫

◎息子と猫

290
ペットショップで息子と二人で出会った。
一目ぼれの息子と複雑な心中の私。

291
一人で寝れなかった息子。
お留守番もできなかった息子が一変。
みーのおかげで、できるようになりました。
男らしくなってきました。

292
私が結婚し、妊娠、出産したとき、
「果たして子供に対してどういう態度を取るのだろう？」
と、とても心配でした。
が、決して手を出すことはありません。
というか…息子が1歳を迎える頃まで、
完全無視状態でした。(笑)
1歳を過ぎた頃からスリスリするようになり、
『ああ、人として認めてくれたのね』
とおかしくも嬉しくも思ったものです。

293
見た途端に次男がケージに飛びついたその瞬間が出会い

294
昨年夏過ぎに息子が近所の友達に呼ばれて、
弱った子猫を助けました。小さな黒猫でした。

295
雨の日の、スーパーの駐車場。雨に濡れながら、
にゃーにゃー鳴いていた子猫がめろんでした。
前から猫がほしいほしいほしいほしい
と言っていた息子（小4）が、話を聞いて、
ダッシュで拾って戻ってきました。
「お願い。一人で世話するから、飼わせて」
と、泣きながら頼む息子に負けて、
めろんがうちの家族になりました。

296
甘えん坊の長男が夏休み中の小学校で遭遇。
3日間、毎日連れて帰ってきては
私（母親）に叱られ、泣きながら元の場所に戻す
の繰り返し。
3日目、息子の子猫を思い泣き
「ママ、子猫は　お母さんといないんだよ。」
の、一言で猫用トイレとキャットフードを
夜中に買いに走りました。

297
野良猫だったから警戒心が強くて
家族になつくのがとても時間かかったリン。
今でも膝に乗って気を許すのはワタシだけ。
それが最近になって
小学生の息子の膝にも乗るようになりました。
切っ掛けは毎日の息子のハグでした。

298
保護した日。
思えば、お昼ごはんも食べずに歩き続けて、
息子は、疲れただの、もう帰りたいだの、
ブチブチ文句を言いながら歩いていたにもかかわらず、
猫を保護すると決めた時から、
何かのスイッチが入ったようだ。

299
最初、ジャックナイフのように人に対して攻撃的で、
5歳の息子がトイレに行ったりする時、はぁこが、でん！
と途中で寝てたりすると「はぁこが怖くて通れない」
と泣いてましたが、今はすっかり丸くなり
息子に追いかけられて抱かれてます。対等に思ってるのか、
私（ママ）の隣を息子と取り合い、本気で戦ってます。

300
息子が夜、布団の中でアベルと一緒に寝る時に語りかけているのを聞いたことがある。友達と上手くいかない悩みをそっとアベルに打ち明けていた。アベルはただゴロゴロと喉を鳴らすだけだったが、その夜は息子のそばから離れる事はなかった。息子を玄関先まで送り出し見送ったアベルは当たり前のようにそのまま散歩に出かけてしまったが、息子の顔はとても元気な顔になっていた。
きっと秘密の約束事をアベルと交わしたのだと思う。

301
息子から母の日のプレゼントでした
主人と釣り旅行中に
「猫に名前を付けるなら何にする？」
と不可解な電話！
翌日家に帰ると小さな仔猫が
ぽつんと部屋に座ってました
そして猫と私の時間のはじまり・・・
人に備わっている慈しみという感情を目覚めさせてくれ、
人生そのものを変えてくれました
ゆっくり流れる時間
忘れかけていた甘えられる事の心地よさ
日向ぼっこのあたたかさ
忘れかけていた大切なひとときを思い出させてくれた
息子からの母の日のプレゼントでした

◎娘と猫

302
三年前、一人娘も１人で何でも出来るようになったので
我慢してきたネコを飼うことに。

303
当時12歳だった娘が近所の質屋さんで生まれた
生後１ヶ月の子猫に一目惚れ。

304
ダンボールをおくと必ず私が最初よ～～と
言わんばかりに
すぐに入ります。
そのあとに７歳の娘が入ります。

305
私は猫派、娘は犬派、息子は動物が苦手という我が家で
猫を飼うことはムリとあきらめていました。
でも娘と二人でペットショップ巡りにハマり、
仔猫を抱っこさせてもらったことがきっかけで
娘が猫派に心変わり。
「猫を飼いたい！」という気持ちが高まっていたところに
『もみじ』と出会い一目惚れしちゃって・・・。

306
「飼いたい！飼いたい！！」ペットはNGの借家でしたが、娘のワガママ度合と子猫の可愛らしさに負けた両親。

307
当時小学生の娘が下校時に発見いたしました。

308
13年ほど前、部屋で遊んでいた3歳の娘の前を1匹の猫が通って行きました。「おかあさん〜猫〜」そういう娘に猫は「遊んで〜」といきなりなついてしまいました。それからというもの、夕方戻る私と娘を玄関前でお出迎え「お帰り〜」

309
娘と買い物に行った近所のホームセンター前にダンボールに入れられて3匹の子猫が捨てられていました。それを見た娘が飼いたいと。でも、3匹も無理だし…。すると娘はホームセンターに来る人来る人に子猫をもらって下さいと40分もお願いしました。茶トラ1匹だけがオスだったのでもらってくれる人が現れましたが、黒猫2匹の姉妹は貰い手がいませんでした。私もずっと猫を飼ってきたので、その可愛さにどうする事もできずに家に連れて帰ることに。最初は反対していたパパも娘が世話をすると言う事で飼う事を許してくれました。

310
私が主に世話をしていますが、中学生の娘にだけ甘えて抱かれます。あとの家族にはキバで・・・。

311
はじめは遠慮がちに我が家にやってきた猫が
いつの間にか我が家で一番だいじな存在になりました
娘のベッドはいつもチチに占領されています
「おねぇちゃんのベッドは俺のもの〜♪」

312
そして娘が言った。
「ねぇ。。。ママ。
さっきの仔猫って、七福神の神様の
お使いかもしれないよ？ 一生懸命おまいりしたから。」
夫の顔を見る。
「俺は何も言わないよ。」
出会ったのも何かの縁かもしれない。
母猫が戻っていなかったら。誰かに保護されていなかったら。
「よし。つれて帰ろう。ママが何とかする。」
こうして、我が家に「福」がやってきた。

313
いつも、子どもと寄り添ってお昼寝しています。
いつも、子どもと会話しているように見えます。

314

ある朝の出来事；
私は朝食の準備の為、台所にいました。
カンはリビングのソファーの背もたれの上で
静かにゆったりしていました。
ソファーの背もたれの上がお気に入りなのです。
私が廊下越しに寝室で寝ている娘に
「○○ちゃーん！起きて〜。」と言ったとたん、
カンがスタッとソファーの上から飛び降り、
娘のいる寝室のドアの前まで行って、
ニャーニャーと鳴いて娘を呼んだのです！
娘が起きてドアの所に来るまで、
ずっと鳴いて呼んでいました。
娘はカンにはいつも優しくしようと努めているので、
呼ばれて起きて、優しくカンを撫でていました。
その様子を見て、
“もしかして、カン、娘の名前が分かる？”と思ったのでした。
そして、もう一度、試しに、娘がトイレに入っている間に、
カンに話しかけました。「カン、○○ちゃんどこ？」
そうすると、台所の私の近くにいたカンが、
ちゃんと娘のいるトイレのドアのところに行って、
またニャーニャー鳴いてます！
どうやらカンは、娘の名前を覚えたようでした。

◎父と猫

315
誰よりも父が大すきなネコです。
仕事に行っている間は父のベッドの上から動きません。

316
ある日、気づいたら父が
勝手に父の部屋に入れてました。
それをきっかけに、
今ではうちに欠かせない家族の一員になりました。

317
夜、タバコを買いに出かけた父。
帰り道、足元にまだ簡単に両手で持てるような子猫がついてきた。
『帰れよ～』
野良猫だとわかってても、そう言って歩き続ける父に
必死についてくるその子猫。
結局家まで必死についてきて、
その子猫は父よりも先に我が家へ飛び込んだ。
まだ小さくて、でも必死にどこかよりどころを求めてたあの子猫。
今はもう10歳近い、貫禄十分な猫になりました。

318
初日から、慣れない家の中ずっと父の膝の上にいたくま。
それから11年間、毎日父の膝だけはくまのもの。

319
食事をしていると
イスに座っている私に手を伸ばし「ニャーン」
お父さんをジーと見つめ「ニャーン」
お父さん「うるさい」
そのくり返し
「お父さんの負けー」
いつも好物のかつお節をやるのは
「うるさい」と言うお父さん
やはりかわいいのね

320
20年前、母親の友達が拾って連れて来た。
父親は猫を飼う事に反対だったけれど、子猫だったうらら
は、とことこ歩いていくと父親のひざの上に乗った。
もう父親は「ダメ」とは言えなくなり、
その日から家族の仲間入り。

321
12月の寒空、父の会社に捨てられていた秀吉。
クリスマスの日に父と一緒に我が家へ来ました。

322

10月に家の長屋で発見しました
野良猫の子供でこの子だけがお母さんと逸《はぐ》れて
1人寂しそうにしていたのを
見つけた時はかなり小さくて人間に怯えていました。
お父さんがそっと抱き家で飼うことになりました。

323

父が大の猫好きで、黒トラの猫が欲しいといい、
猫好きの友人に探していただいたのがきっかけです。

324

いつも車で出かける父が、その日に限って
自転車で出かけました。家を出てすぐに父が
大きな虫取り網を持って再び走って出て行きました。
その後また帰ってきた父の腕の中には、
生まれたてのしんちゃんとゆうちゃんがいました。
父によると川で流されているのを偶然見つけたそうです。
これも何かの縁、巡り会わせということで
一緒に暮らすことになりました。

325

野良猫の時はとても痩せていましたが。
ご飯を食べ過ぎて太ってしまいました。
今はお父さんと一緒にダイエットです。

326
うちの父からは、毛並みの色から「炊き込みご飯」だの
「メバル」だの「フクロウ」だのと呼ばれています。
今、私はマメと一緒に一人暮らしなのですが、
高知に行ってしまった父、母から、電話があったときは
いつも最後に「マメは元気？」と言われます。
今までも何匹も猫を飼っていた時期はあったのですが、
マメは私たち家族が一番大変な時期にやってきた猫だったので、両親も思い入れが深いようです。

327
大黒柱である父でさえ、きびが父用のソファで眠っていると
なぜか起こすこともせず
横に座っていることもあるくらい。(笑)

328
外を知らないデカにゃんは、母が病の床に付いて6年
父が寂しいのが伝わったのか一番なつき、
父の朝の散歩の帰りを柿の木に上って待っています。
その姿は、Bigで、道を通る人は猫とは・・・！！！

329
父は昔、猫を飼っていたので
仕事の合間に私の部屋にのぞきに来て
「にゃーにゃー」とセナと会話をしていました。

330
「ちこ」を連れてきたのは、
当時のワタシが「慈愛」なんて言葉を知ってるはずない！
と思っていた父でした。

331
ブリーダーさんのHPで見つけました。
その時の写真は、気高そうで、気が強そうで、
ちょっと近寄りがたい雰囲気を持ったねこでした。
ウチへ迎えて半年もすると、
気高そうだったお顔はまん丸になり、
見事なオヤジ座りを披露してくれるようになりました。
最初は性格がキツそうだと思っていたけど、
妹分のねこに対して、ゴハンやおもちゃを譲ってあげたりと、
とても大人の面も持っています。
そんなラムにウチの父がすっかりハマってしまいました。
以前はねこには全く興味がなかったのに、
今では不気味な高い声で、「ラムちゃん〜♪」
と話しかけたりしています。
(当然ラムは逃げますが)
そして父が野良ねこにも優しくするので、
今ウチはのらねこの食堂になっています。
私はもうすぐ実家を出ます。
でも父の反対に遭っています。
「ラムは置いていけ」と。

332
初めて飼った子猫を亡くした後にウチへやってきた子です。
ネコのいない生活に耐えかねた父が、
里親探しの広告で彼女をみつけました。

333
いなくなってしまってから2年、気落ちしたままの私に父が「河川敷をジョギングしていたら猫の声がした。行ってみよう」と言い出しました。にゃんにゃんを飼うときあんなに反対した父がにゃんにゃんの性格や生活態度を見て感心して、いつの間にか猫なら、という変わりようでした。にゃんにゃん以外なんてと思いながらも連れて行かれ、5キロ歩き、本当に見つけた2匹の子猫。にゃんにゃんが私のことをずっとみてきてくれた、今度もまるで「勝手するんじゃないよ。2匹行かせたから、しっかりしなさい」と会わせてくれたようでした。

334
なにより、この子のおかげで、4年前に脳梗塞で倒れ、去年再発して、そのまま寝た切りになるかと思っていた父が、
みーが来たころから、声をだして笑うようになったのです。
みーが父の病気も回復させてくれたと思っています。

◎母と猫

335
帰宅した私が食卓の席に着くや否や、
母が話しかけてきたのだった。
「ここらへんで一度、猫飼ってみる気はない？」と。

336
学校から帰ると、
手のひらから少し出るくらいの小さな猫がいた。
母の独断だった。

337
外の物置下で、鳴き続けること半日。
お母さんが負けました（笑）

338
母は子供の時からいつも猫と一緒に暮らしてきた。
近所でも猫むすめって、あだ名されるほど猫が大好き。

339
母に大反対され「私を早死にさせたいなら飼いなさい」
とまで言われましたが嫌いといいつつ
帰宅時に「チビ丸ただいま～」と帰ってくる母です。

340
お散歩から帰宅すると、リビングにいる
家族一人一人に律儀にご挨拶。
その中でも、お母さんへのご挨拶は強烈！
お膝に後ろ足、胸に前足をついて
お母さんの顔をペロペロペロペロ……。
あんまり舐めるものだからアゴが
ヒリヒリする程。

341
昔は私にしか懐かなかったセナも今では母の布団でしか寝ません。母も、「みーちゃんみーちゃん」と何が気に入らないのか、私が名付けた名前では呼ばず、二人にしか通じない会話を楽しんでいます。

342
母が新聞を音読していると、必ず目の前に寄ってきて、
ずっと聞いています！

343
野良猫を飼うことに、最初はいい顔をしなかった母。
気が付けば毎日のように「くぅちゃん、くぅちゃん」。
犬のマロとくぅちゃんと一緒にTVを見てたり、
くぅちゃんが2、3日帰ってこないと凄く心配したり。

344

猫好きだった母が決めた家訓
「猫は何も悪くない」「一番えらいのは猫」

345

私の転勤が内定した週末。母をつれて買い物に出かけた所、
ふいに「猫を飼いたいわ」と、母が言いだしたのです。
私は、踊りたいくらい嬉しかったので、
速攻でそのままペットショップへ直行。
丁度、ペルシャの子猫が数匹いました。
グレーのふわふわの子猫達・・
食べたいくらいかわいい♪（食欲と愛欲の差はある？）
段ボールに、子猫と、ミルクを入れて貰って帰宅。
母と二人で、あまりの可愛さにうっとり。
「じゅりあん」という名前は母が付けました。
（パトロンは母でしたので）

346

さくらは母についてまわります。
一度家の中にビデオカメラを仕掛けて、
どのくらいついて回るか試してみました。
母が動くうしろをさくらがおっかけていきます。
丸一日回して、いっときも離れようとしませんでした。
早送りして、大笑いしました。
そして、最後に、あまりいじらしくて泣きました。

347
以前は毎日母が彼（ちい）にご飯をあげていた。
体調が悪くずっと続けてきた店をたたみ、
家ですごすことが多くなった母は
彼とほとんどの時間をすごしていた。
そんな母になついて、母の歩くとこを追いかけ、
夜も母の布団の上で毎晩寝るようになった彼。。
そして3年後、母が亡くなり
彼は一人で寝ている時間がふえた。
それ以降家事をするため家にいることが多くなったワタシ。
お互い大事な人を亡くした彼とワタシ、
気づけば彼に話続けるワタシ。
それから彼はワタシの後を追いかけるようになり、
夜はワタシの部屋のドアの前で鳴くようになった。
ドアをあけるとベッドの足元で朝まで寝るようになった。
お互いさびしくなってから、
本当の意味でお互いを必要とするようになった。

348
いつも、お母さんって、慕ってくれて、
お母さん、とても、嬉しくて泣いちゃうよね。
夜の瞳は、また、くるくる、素敵なビー玉で・・・。
夜空に輝く星よりも奇麗な瞳・・・。
お母さん、大好き・・・って、言っているのが
わかるわ・・・。

◎旦那と猫

349

猫好きな彼のおうちにもらわれてきました。
猫ちゃんは菊次郎を入れて８匹になりました。
私、その彼と今年結婚しました！
菊次郎と一緒に家族の仲間入りです。

350

私は子供のころから猫がそばにいる生活が当たり前でした。
結婚して子供ができなかったらペットを飼おうと主人と
約束。でも主人は飼ったことがなく　扱いもわからず
戸惑っていたものでした。
家に来て約９年。今では我がこのように
デレデレになって話をしたり遊んでいます。
私に声をかけていると間違うぐらいに猫と話をしています。
かわいい表情と鳴き声にメロメロ状態です。
猫好きじゃなかったよね～。っと私がつぶやいてます。

351

結婚する前から旦那が飼っていて結婚してから一緒に暮らす様になった次元。すごく大きく見た目は怖いけど、すごく人なつこく、すぐに仲良くなったのもつかの間･･･寝てるといつも旦那の上に乗っかってます。なので、いつも次元と私は旦那の取り合いです。

352

猫と暮らす生活に憧れを抱いていた娘と私。「飼うなら猫だけど、飼わない」と言い続けていた夫の許可が得られなくて、ちょくちょく、よその猫ちゃん達に会いに出かけていました。
夫の気が変わったのは、夫の入院中。朝一の煙草を吸いに病院の外のベンチで腰掛けていた時に、その病院のアイドルと化していた猫くんがおもむろに夫の膝の上に飛び乗って、そのまましばらく眠ったそうです。その時、夫は癒され、「猫を飼ってもいいかも」と思ったそう。
まだ本当に飼うかどうか迷っている夫をよそに、お迎えする猫くん探しに拍車がかかる私。インターネットで里親募集されていたソマリくんの写真を夫と娘に見せて、念願の「ＯＫ」をもらうことができました。

353

うちに来たときが３ヶ月。
１日で家にも慣れ、人にも慣れ今では一家の主人のごとく、
私たち夫婦の愛情をほしいだけ得て
毎日楽しく生きております。
犬？と思うほどに人が大好きな猫です。
一番好きなゲームは、かくれんぼ。
他に、雑誌を読んだり、狩の練習をするのが趣味です。
一応、飼い主に気を使っているらしく、
私と一緒に座った後には、
必ず夫とも一緒に座ります。

◎家族みんなと猫

354

犬のような性格のラン。
人間大好きで初対面でも尻尾を立てて
ゴロゴロスリスリご挨拶。
しかし我が家に遊びに来た義母は動物が怖くて触れない。
そんな義母がうたた寝していた部屋から悲鳴が！
いつの間にかランが部屋に侵入。
寝ている義母の長いマツゲにじゃれついたそう。
でも意外なことに
義母はそんな天真爛漫なランを可愛く思ってくれたらしく
撫でてくれるようになった。
仲良しになってくれて本当に嬉しかった。

355

蓮は私が中学三年生の時に近所の友人から貰い受けました。当時我が家は祖母が動物嫌いだったので、父と内緒で貰ってきて、両親の部屋で密かに飼っていこうと決めていました。まぁ、そんなことは出来る筈もなく、貰って1時間で、蓮は祖母に見付かってしまいました。返してきなさいと言われると思った父と私ですが、祖母の言葉は「貰って来たなら仕方ないから。代わりに○○ちゃんちにリンゴ持ってきなさい。」という言葉で無事蓮は我が家の仲間入りを果たしたわけです。リンゴ数個と交換したとはさすがに蓮本人には秘密です。

356
うちの子になったばかりで、イロイロな事に興味があって少しもじっとしていないのに、おじいちゃんが来た時に なぜか おとなしく抱っこされていたね。年をとってから病気をして気落ちしてばかりいたおじいちゃんが笑ってくれて、私はとっても嬉しかったです。

357
ひーたんは私がホルモン系の病気
甲状腺のバセドー病になった時に、
ひーたんもホルモン異常による子宮摘出を宣告されました。
ひーたんはいつも家族の誰かが落ち込んだり
心配な事がある時はその時々で夜寄り添って寝ます。
長男が反抗期で登校拒否の時は長男の傍で。
私の入院中は当時中1の二男と一緒にいました。
退院後の私にはずっと一緒に寝てくれました。
今は不安を抱えている長男と私の所を
日替わりで寝床にしていますよ！

358
父が他界してから1年後に来たすけさん。
丁度1周忌を終え、母が仏壇に手を合わせていると。
母の隣にちょこんと座って、真っ直ぐ仏壇を見ていた。
今でもその光景は忘れられない。

359

ミュウは拾ったときは風邪をひいており
ミルクも一切飲まない状態ですぐ病院に連れて行きました。
幸い命に別状無く元気に退院してうちの家猫となりました。
不思議なことに普段は私と寝るのですが
ミュウが娘の部屋で寝ると必ず娘の具合が悪くなります。
そして娘が完治するとまた私と寝ます。
命を救ってもらったことをまるで理解してるかのように
常に娘を見守ってくれているようです。
そんな中、一度
私が会社を突然解雇されたことがあったのですが、
娘に心配かけまいと家では普通にしてた私でしたが
そのよるミュウが私の身体に寄り添うように
くっついて寝てました。
まだ冬でもないのに・・・
普段は枕元や足元に寝るのですが
このときばかりは私に身体をくっつけて一晩中寝てました。
きっと私の精神状態を察してではないかと思われます。
ミュウは単なるペットではなく
私達親子の守り神でもあるようです。

360
彼女は約2年前、私の家族になりました。
それまでは祖母が飼っていました。
大事に大事にしていた、祖母の忘れ形見。
それを私が引き継ぎました。
孫から祖母へ。祖母から孫へ。
おばあちゃんと過ごした時間を、
おばあちゃんネコがつないでくれている…
そんな気がします。

361
余命わずかな母が父の喜ぶ顔を見たいと言い、
周囲の反対を押し切って子猫をもらいうけました。
父は脳梗塞の後遺症で表情が乏しかったのですが、
猫がいるととても楽しそうでした。
やがて母が亡くなりそして、その翌年に父も他界...
最終的にわたしが飼うことになりました。

362
ホンと、癒されました・・・お布団に入り込んでくる瞬間、
フミフミしてくる癖、あまったる〜〜〜いい鳴き声。でも、
その声には返事できなくなりました。私が入院中に亡く
なったんです・・・前触れも無く急に・・・死因は腎不全、
父の死後数ヶ月もしないうちにさよならでした。
きっと、父が連れて行ったんだろうなぁって思ってます。

いろんな猫

◎世界の猫

363
いま、北京で生活しています。この猫は、アパートに入居したときに、前の住人から引き継ぎました。つまり、猫付きの家だった、ということで、わたしは飼い主3代目です。家の主はもちろん彼女です。いままでの飼い主が甘やかしすぎたようで、家の中を我が物顔で縦横無尽に走り回り、冷蔵庫を開け、食料庫を荒らし・・・・とやりたい放題です。わたしも甘やかしてますが。。

364
たろにゃはドイツのにゃんこ。血統書とかあるわけじゃないけど、ドイツで生まれ飛行機に乗って日本にやってきた。前の飼い主さんが日本に帰国することになり、妹猫しか連れて帰れずたろにゃはおいてけぼり、保健所に連れて行かれそうなところを必死で貰い手を探し、出会った私達。ぎりぎりで命を繋ぎ、私の元へやってきたたろにゃ。20時間近くキャリーに入れられ、飛行機の中に手荷物扱いで乗せられ、出たくて出たくて鼻を擦りむき、成田では検疫2週間。ようやく始まった日本での生活。

365
バリには猫がたくさんいます。(猫以外の動物も)
バリの猫はちょっと小柄。

366

1997年生まれの僕は、豪州のお母さんの所から日本に10月10日やってきました。バーミーズ好きの今の親分のためにね。そして、僕にはトンキニーズの娘がいます。僕は、5人兄弟。親分の親代わりの豪州に住むご夫妻が、ある日・・・僕と兄弟、そしてお母さんに会いにきたんだよ。5人兄弟は、雌が2に牡が3・・・僕が日本に行くことになったの、その理由は性格がいまの親分にぴったりだからってこと。
僕は、日本語がよくわからないけど・・・
親分は英語で会話してくれる。

367

i got him on the street in hong kong and adopted by my boss now ^^

368

アメリカの日本人バーでピアノ弾きの仕事があり、離婚してさっさとアメリカに行くことにしたけど、猫とだけは離れたくなかったので一緒に行くことに。当時、猫の検疫はなくて、座席の下に押し込んでいった。アメリカでいろいろあったけど、彼がいたから耐えられたし、いつもわたしのそばにいてくれた。結婚したとき6ヶ月里帰りさせたけど、結局またアメリカにつれてきてしまった。とてもとても離れていられなくて。

369
らぞはアメリカ生まれアメリカ育ちの“黒”猫です。
ブラックカルチャーに精通しているのか、
怒ると両手を挙げて「What's up!!」のポーズをとります。
本人はがんギレ状態でも、周りは笑ってしまう一瞬です。

370
2年前の9月。カナダの田舎道で走行中にタイヤがパンクしてしまいました。同乗者のだんなさんがスペアタイヤを交換している間、わたし達は鳥のようなけたたましい鳴き声に気づいたのです。しばらくして、100mくらい先の道路の真ん中に子猫を発見しました。よく見ると、母猫かと思われる大人の猫が車にはねられて死んでいる様子。鳥のような鳴き声は、子猫が必死に母親に向かって泣き叫んでいたようなのです。驚いたわたしは子猫に「Come!」って呼びかけると、小さな足で勢いよく走りよってきました。こわごわと、でも何かにすがるようにわたし達の元に来た子がHannaです。

371
カリフォルニア州サンタモニカのアパートに、
ある晩グゴはふらりとやってきました。

372
ロタは旦那さんの会社の地下のダクトから落ちてきました。
ジジはアメリカで出会った猫です。

373
香港の小さなペットショップで、美しいアメリカンカールたちに囲まれて、一匹ヘンテコ顔のぽこが同じ小さなケージに入れられていました。大きなアメカルくんたちに動じず、一番小さなぽこはあくまでもマイペース。飄々とした彼の猫ヂカラに一目惚れ。夫曰く「明らかに売れ残っちゃってロングヘアーの猫たちと一緒に入れられてるんだね」とのことでしたが、私はもう「この子だわ！」と運命を感じてしまい、犬派の夫を涙ながらに説得。そしてこのまん丸顔のおにぎりくんとの生活が始まりました。

374
私と彼女の縁はもう15年です。一緒に海外留学もしたし、とにかく、引っ越す先、いつも一緒。

375
今から10年以上も前の話になります。
兄が会社の関係者の方から
「兄弟の猫を貰って欲しいんだけど・・・
血統証のついた猫の・・・
どこかの外国生まれの猫だよ」
って、言われてこの子と真っ黒な子と2匹貰ってきました。
「外国生まれだから・・・
日本語通じるかなぁ？」
そんな事を考えた日でした。

◎街の猫

376
目黒のラーメン屋横出身。
保護猫活動さんとのご縁があり、
我が家の家族となりました。

377
おとうふ屋さんに拾われたノラ兄弟の一匹です。

378
この町へ引っ越して来て最初に出会ったのが
魚屋さんが路地で飼ってる外猫のチビ
でもホントはお肉が大好きにゃにょにゃ〜
毎日のようにお刺身買ってはチビにお肉をあげていた

379
自宅の近くにあるお肉屋さんに長くから住んでいる猫、
「ぴくちゃん」。地元の人は必ず挨拶をしていきます。
私が今の自宅に引っ越して、このお肉屋さんに
行くようになってからの長いつきあいです。
ある日この猫がすごくフォトジェニックであることに
気づいたので、最近では毎回カメラを持ちながら
お肉屋さんに行きます。

380
我が家は居酒屋を営んでいます。
5年前の冬、雪の降るとても寒い日でした。
父と母がお店の開店準備をしているとき、
1匹の猫がお店の前に座っていたそうです。
痩せていて、とても人なつっこい猫で、
シュウマイを1個あげると、声をだしながら夢中になって
食べたそうです。
寒いし可哀相だけど、お店の中に入れることは出来ない
し。。。と思った母は、
お店を閉めるときに、もし、まだいたら
家に連れて帰ろうと思ったそうです。
それから数時間して、母がお店の外に出たとき、
猫は同じ場所に座っていたそうです。

381
来た当初、キャットフードも、お魚もお肉も
全然食べてくれなくて困りました。
唯一食べたのが「するめ」などの乾きもの！！
塩分も多いし消化にも悪いのに、
それしか食べてくれず・・・。
商店街の酒屋さんが、乾きものをあげてたのが
原因らしかったですね（＾＾；）
今でもお酒のアテには目がありませんｗ

◎成長

382
雑種だけど産まれたときはシャム猫のような模様でした。
今ではまるでレッサーパンダ…。

383
生まれてすぐに捨てられていたせいか、小さいときは抱っこされたり、さわられたりが嫌いな猫でしたが、
いつからか寒い日には布団に入ってくるようになりました。
うちに来てもう、10年になります。

384
最初はにゃんともすんとも云いませんでしたが、いまや、家中駆け巡ったり、虫を探したり、飴をてんてんしたりと忙しそうにしています。

385
ある日突然、自宅の裏口で出会いました。
ノラねこだったのでお腹を空かせていて
私がさし出すちくわに恐る恐る近寄ってきては
美味しそうに食べる姿を今でも覚えています。
毎日、ごはんをおねだりするようになり、
いつの間にか家族になってました。
今では子供も生まれ、5児のメタボぎみのパパです。

386
赤ちゃんからの成長が早く感じる。
もう発情期を迎え、嬉しいような、寂しいような(;≧-≦)ノ
まだまだ子供でいてほしいなぁ。。。
milkと過ごす穏やかな時間が、心地いいから。。。

387
少しだけ面倒みようかって事が・・・・・・・・・・
あれから22年たってしまいました。

388
そんなミィちゃんも家に来て5年…そして今年8月に私は男の子を出産。突然の入院だった為にミィちゃんに「行ってきます」を言えずに…。私の入院中、ミィちゃんは私を一生懸命探してたそうです。そして私の帰宅。せっかく帰ってきてもなにやらおかしなものまで持って帰ってきてるのでミィちゃんは怒りが収まらず。でも2日後なんとなく状況を把握したミィちゃんは感情を抑え我慢。そして今…。ミィちゃんの我慢は続いてます。最近赤ちゃんも落ち着いてきてミィちゃんと私の時間を作る時があります。そんなときは今まで我慢してた分の甘えん坊モードが最高潮！！！！ずっと寂しかったんだね。と私もミィちゃんを好きなだけ甘やかしてあ‥だけど赤ちゃんが泣き出すとミィちゃんは少しまた寂しい顔をして「行くの？泣いてるよ」私も後ろ髪を引かれながら‥でもおっぱいをあげるときは3人一緒に並んで。

389

私が産まれたときからいたんだ。
1988年生まれのあなたと　1989年生まれの私
20歳になった私より、1コお姉ちゃん。
生まれた私に飛びかかったらままにぶん投げられたらしい。
今考えると、寂しい気分だったのかも。
でもそれからは1度もそうゆうことしなかったらしいけど。
お利口な猫です。親ばかかな。いや、私は親とか飼い主とか
思ってなくて、ホント、家族としての存在です。

390

我が家に来て19年目！19歳、いい歳のじいちゃんである。
我が家の主である。ただここ数年体の不調が見えて来た。僕
は毎日抱っこしては体の不調はないか診てしまう。そうする
とトムはニャーと元気だぜと話してくれる。僕はトムが元気
なら何もいらない。だから1日でも長くトムと話がしたい。

391

キレイになって、日に日に可愛くなっていくあなたに、
家族全員が虜になったよ。色んな遊びを一緒にしたね。
何時間も、一緒に外を眺めていたこともあった。
あなた中心で、時間はまわっていました。
14年の間に、あなたは、私の子供になり、妹になり、
大親友になり、姉になり、お母さんになり、
そして・・おばあちゃんになりました。

392

親から彼女が危篤だと聞いて、私は全てを失いそうな気持に初めて気づいた。17年来の友達、姉、母、祖母の役割を全て担っていた彼女。私の人生の中で親以外で長く絆を深めているのは彼女しかいない。彼女がいなくなった時の事を考えたら今でも何も手につかなくなってしまう。彼女が患って2週間の間、父と母は懸命に看病した。獣医師に宣告を受けても二人は諦めなかった。彼女も必死に頑張ってくれた。きっと私に会ってくれようとしてくれたのだ。父は医師なのだが、栄養が摂れない彼女の為に必死になって葡萄糖を点滴した。でも刺さらない、口からの摂取も出来ない状態だった。二人は薬や葡萄糖でベトベトになりながらも頑張った。父が寝落ちしてしまった時も、目が見えないのに必死になって父の顔の上に乗って生を訴えた。最終的に、父が持っていた西洋人参を無理やり摂取させ、彼女が生を振り絞ってご飯を食べてくれた。私が遠くで何もできない時にネットで知ったカツオ。一時期は全く何も食べれなかったのに…。彼女はご飯を食べ力が蘇った。白内障も落ち着き見えるようになった。私が2月に再び家に戻った時、彼女が玄関で元気に私の顔を見上げて「オァヨウ。」と言ってくれた時、これ以上にない程泣いたことを覚えている。彼女はビックリして逃げたけど、それから日本にいる間はずっと側にいてくれた。彼女はご飯を食べ力が蘇った。白内障も落ち着き見えるようになった。毛ヅヤも戻って昔より肉付きが良くなった。今年の冬、彼女はまだまだ元気だ。

178 さんぽ

179　花見

180　草木と

181　紅葉

182　雪と

183　おっきい人と

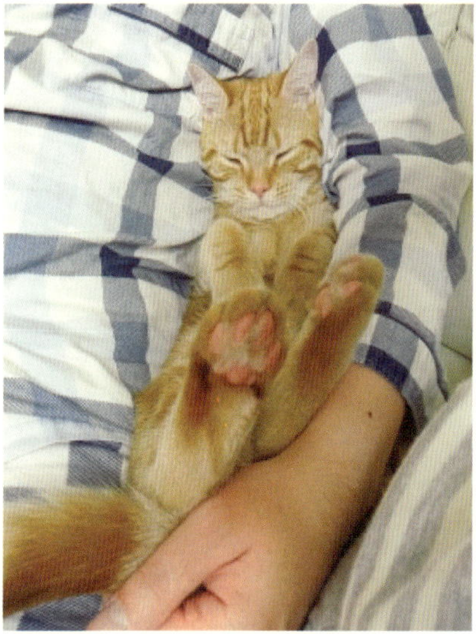

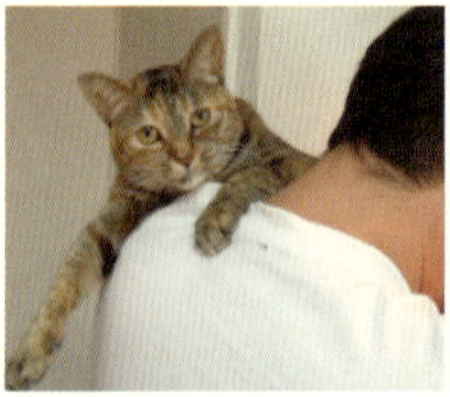

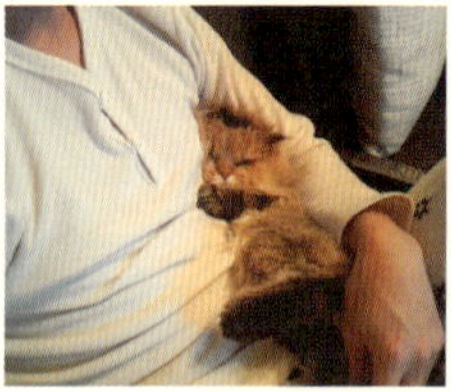

184　ちっさい人と

185　て

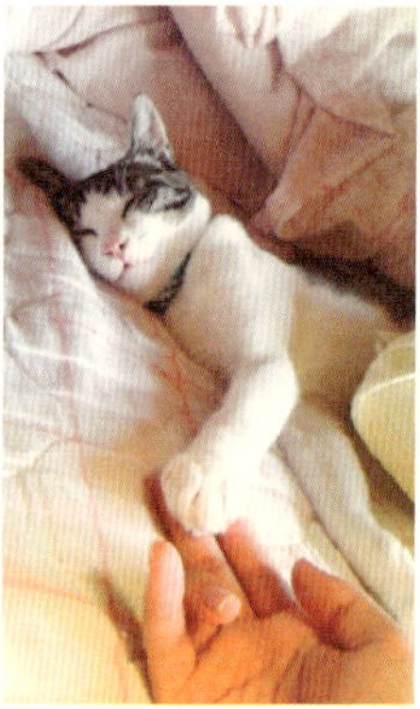

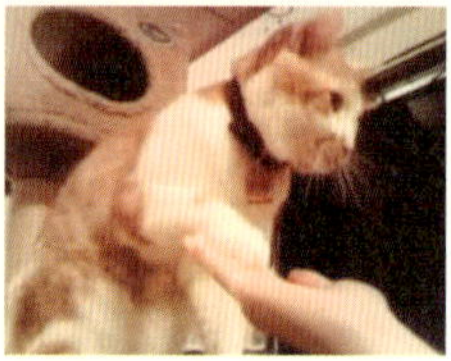

186　うでに

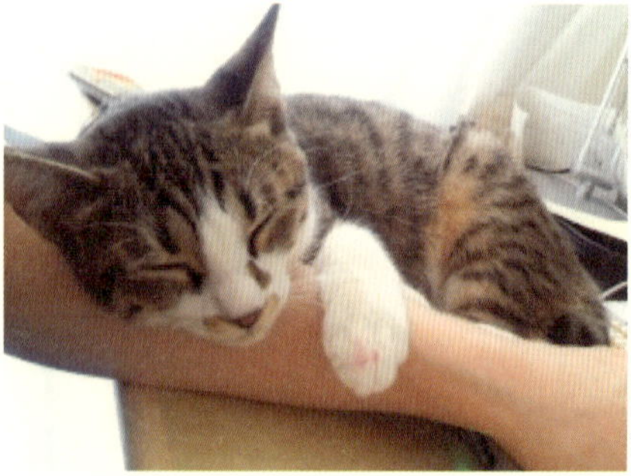

187 両側から

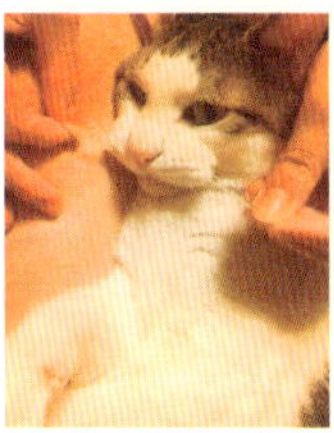

188 とんねる

189 寒がりの猫

190　暑がりの猫

191　寒気のする猫

192　食べる猫

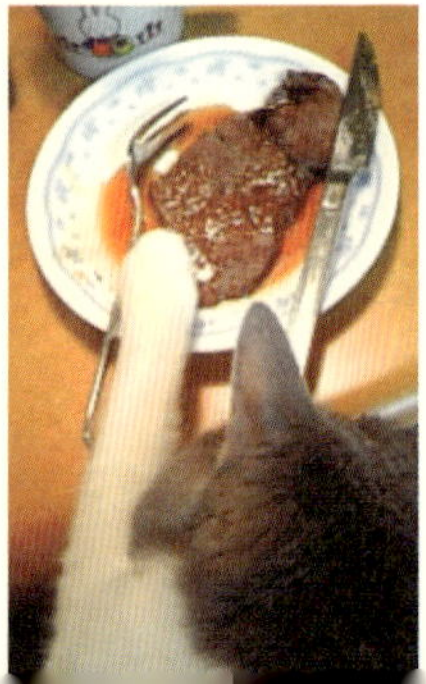

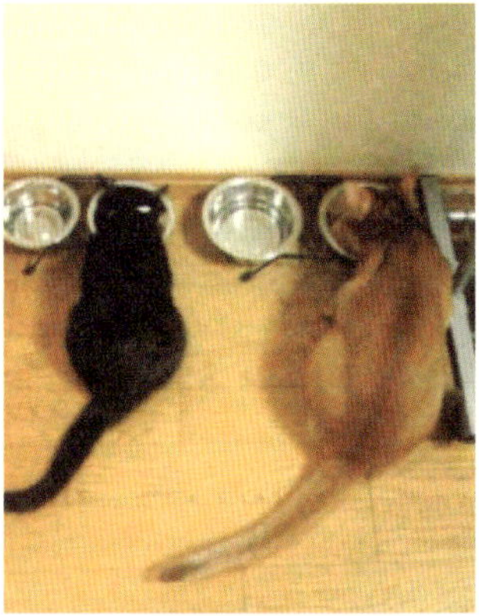

193　おしゃれな猫

194　記念日の猫

忘れられない

◎エピソード

393
本当に毎日がエピソード。
自由に飛び回っていいから、病気なんかするなよ！！

394
犬の死、姑の死、夫の浮気、離婚、子離れ。これが一気にやってきた私。たくさんの動物や人の世話は、たいへんで愚痴をこぼしていた日常だったのに、いざ世話をする人が手もとにいなくなると、日々がポカーン…と過ぎていくばかり。さびしさに圧しつぶされそうになる毎日を、お酒でごまかしていました。そんな毎日を立て直そうとジョギングをしていたとき出会ったのが、「猫あげます」の貼紙。猫のボランティアさんに連絡をしてみると、たくさんの子猫たちが捨てられたばかりでした。そのなかで、膝に乗ってきたチーと、白黒猫のモーをもらってきたのです。

395
母の死から立ち直れない時、ある雑誌でブリティッシュ・ショートヘアーのブリーダーを知り空輸してもらい、空港の荷物受け取り所で出逢いました。荷物受取所の受付で引き換えの書類を係りの方に渡し待っていると、遠くから「ギャーギャー」聞え始め、係りの人に苦笑いされながら、ひたすら鳴いているこの子を受け取りました。

396

不思議でした。母が亡くなってからぐっすり眠れなかった私が、ポーがそばで丸くなって眠っているだけで…ぐっすり眠れるようになったのです。寒い日の朝方には、布団の中にゴソゴソと潜りこんできて「グルグル」とノドを鳴らすのです。そうすると私は子どもの頃を思い出すのでした。私も子どもの頃、よく母の布団の中に潜りこんでいったなあ…って。

397

舅の認知症に付き合い、慣れぬ子育てに困惑しながら、また主人の扱いにさえ困り、気がつくといつも私は台所の一角でメソメソ泣いていた。泣いてる私の側にそっといつもミュウが寄り添ってくれていた。ミュウが来ると、海も、グレも、麻も来る。何も言わずに、彼らはそっと寄り添ってくれるのだ。泣くだけ泣いて、涙が枯れると、ミュウは私の顔を見上げ、「もう大丈夫だね。いつでも僕たちはいるよ」とでも言うように…「ごめんごめん。もう大丈夫」と少し笑顔で彼らに言うと、また彼らは各々のスペースに返っていく。あの頃、4匹は私の心理カウンセラーだった。

398

モモちゃんは、前の年に兄弟猫をなくし、ずっと意気消沈していましたが、子猫たちがやってくると早速お世話しておりました。血のつながっていない子猫たちを一生懸命なめて可愛がる姿は感動的でした。猫って本当に優しい生き物ですね。

◎病気で

399

ケージの中に入った猫を見てショックを受けた。
ガリガリにやせてしまって、わたしの姿を見ても
おびえたような瞳を向け、ケージの奥へと隠れようとする。
生きているのが嬉しくて、変わり果てた姿が悲しくて、
涙が止まらなかった。
ケージに手を伸ばしても出て来てくれない猫を見て、
わたしの事を忘れてしまったのかと
ショックでどうしたらいいか分からなくなった。
ふと、肩に乗ることが大好きだったのを思い出し、
わたしは手を伸ばすのをやめ、
ケージの入り口と肩を位置を合わせた。
すると、さっきまでケージの奥から出てこなかった猫が
わたしの肩にゆっくりと乗ってきたのです。
この子はちゃんとわたしの事を覚えていたんだ！
生死の世界をさまよい、それでもわたしの所に
もどってきてくれた。
わたしはそっと抱きしめて、
最後の時が来るまで大切にすると誓った。
それから見る見るうちに元気になり、
あれから8年たった今も元気で側に居てくれています。
ちょっと過保護になったわたしの肩の上に乗って散歩。
最後の時も側に居るからね。

400
遊びが大好きな彼女は、初めての庭で鳥を追いかけた。
家の中では大抵、ゴミ箱の中かお風呂場に隠れている。
飼い主もおてんばだから、家の中でじっとしているのは
つまらないと、女同士でよく一緒に公園に遊びにいったんだ。
だけどちょっと知らない場所には抵抗があるから、
いつも飼い主のそばから離れない。これは基本だよね。
青い空、鳥のさえずり、風の音を一緒にいつも感じてた。
ずっとこんな時間が続けばいいねと、
あなたが癌に冒されて動けなった冬の日も、
飼い主のはんてんの中にくるまれて、庭を一緒に散歩した。

401
腎臓が悪くて。
今年のお正月から
具合が悪くて。
何度も
もう駄目かと思ったけど。
食べることだけが
生きがいで。
馬刺しと。カニカマと。点滴で。
この秋までがんばって来たけど。
やっぱ駄目でした。
かわいかったひよこちゃん。
さみしくなりました。

402

ピキコは幼い時に骨瘤が発症。
その後、7歳の頃から病気と闘っている。
そして、今は目が見えなくなり腎臓も悪くなってきたので
状態を見ながら自宅での点滴を続けている。
今までに数回、生死に関わるほど病状が悪化した事があった。
私は今つくづく思う。
ピキコがご飯がほしいと甘えてくる時。
ピキコがゴロゴロいいながら気持ちよく昼寝している時。
ピキコがご飯を美味しそうに食べる時。
そんな何気ない時間が、とっても大切なんだって事。
あと、どれくらい一緒に居られるか分からないけど
これからも私とピキコの時間を大切にしていきたい。

403

いつかは来るけど、まだまだ先だと思っていたことが
やっぱり来てしまいました。
母から電話がある度にドキドキしていたけど、
ついにその電話が来てしまいました。
22年と半年。
とっても長生きしてくれました。
面倒もかけず、静かに旅立ったエミチャン。
寒くなかったかな、一人で寂しくなかったかな。
エミチャン、あなたのモフモフがとても恋しいです。
会いたいです。

404
昨日、カボチャが治らない病気を告知されました。
とてもショックです。
獣医さんから帰宅したとき、他の3匹はまるで
「大丈夫？どうだった？」とでもいうような表情で玄関で
出迎え、カボチャをペロペロなめてあげてるのです。
猫だって人間だって命の尊さは同じ。
獣医さんからは
「なすべきことがない今となっては
好きなものを好きなだけ食べさせてあげて下さい。
嫌がるなら薬も飲ませなくていいです。」
と。
残された日々をこの子が幸せにすごせるようしてあげたい。
甘えん坊なので、すぐにひざの上に来て寝ています。
あったかいな。そばについてるよ。
お母さんもお姉ちゃんもお小遣い節約して、
キミにおいしいごはん買ってあげる。
だから、少しでもいっぱい食べて。
がんばれ。
大好き。

405
病院通いの日々。命も危険、助かっても目は失明するで
しょうと「覚悟してください」と宣告された。毎日祈った。
一生懸命生きているけなげな命。奇跡が起きた。

406

気が付くともう長い日々が過ぎていました。乳腺の悪性腫瘍で、3度の手術や形成手術・・繰り返しの入退院。そして生還。何事もなく落ち着いていた17歳からの腎不全。緩やかなペースですが、今末期状態で毎日の治療。長い長い年月で、一言では言えないほどのエピソードがあります。これからも、一日一日を大切にして、楽しく過ごして欲しいです。

407

長生きしてくれて、もう13年にはなるでしょうか
食欲もありとても元気でした。。あの日までは。。。
ある日、母が「顔見て」と言うので見てみたら
何となく腫れてる
病院に連れて行ったら「腫瘍ですね。もっと腫れますよ」
その言葉通り見るたびに腫れていきます
あんなに元気だったのにみるみる痩せていきました
お腹すいてるのに食べるととても苦しみます
今は一日おきに病院へ連れていき、
点滴をしてもらっています
「頑張ってますよ」先生の言葉通り、頑張ってます
全盛期の半分の体重になり大きいのは顔の腫瘍だけ
首にも転移したようです。。
ほとんど骨ばかりになってしまいました
でも生きている！
そうだね　正吉は頑張って生きてる＾＾

408
大きな病気をすることもなく15歳を迎えましたが、
最近、食が細くなり、毛の色も白っぽくなり
寄る年波には勝てないようです。
ゆっくり余生を過ごして欲しい。

409
ちゃたろうが生後約六ヶ月のとき。ご飯をあげても食べない日が2日ほど続きました。3日目の夕方に少し食べたと聞いたので安心していたら、数時間が嘔吐。あわてて病院に連れて行きました。熱を測っても平熱。鼻は乾いてるけど風邪かな？という先生。血液検査もできるけどやりますか？と聞かれたので、「はい」と即答。結果は最悪でした。腎臓の数値がかなり悪く、先天的に腎臓が悪い可能性があって、この子は大きくならないだろう（大人になる前に死んでしまうだろう）との宣告。それでもうちに来てくれた大切なちゃたろう。毎日毎日病院に連れて行き、点滴をしてもらいました。再度血液検査。今までこんなに祈ったことがあるかってぐらいに祈りました。結果は全数値が正常範囲内。本当に奇跡だと思いました。そしてこの日は私の誕生日前日。一日早いけど、とっても素敵なプレゼントをいただきました。

◎助けてくれた

410

時は経ち、高校を卒業し地元を離れ一人暮らしを始めた当初、私がホームシック気味になると必ず夢の中で、励ましてくれる福太郎。ホントに、優しい子。25歳の年に、とっても大変な病気にかかり、手術をしないと助かる道は無いと、お医者様に言われ、、、。悩みに悩んだ結果、体に傷を付けたくない、その思いを貫き投薬で体をごまかしていました、、、。福太郎には、解っていたのかな？？私より私を、解ってくれていたんだね、、、。福太郎が具合悪くなって、虹の橋を渡ったのは私の体調が急変し、危篤状態になった2月14日。その日は当時お付き合いしていた、彼と友達と出かけていて車に酔ったのかな？？っていうのが始まりでした、、、。ずっとずっと、福太郎との出逢いの夢を見てました。きっと、お別れ言いに来たのかもって、今は思います。それから1週間後に、目を覚ました私に奇跡が起きていました。私の体に、何一つ異常が見つかりません。正直私が、運ばれて来た時、、、。死を待つだけの、状態だったそうです。そして、2月14日福太郎が14年という短い人生に、そっと終わりを告げました。私のかわりに、看取ってくれた祖母は甘える様にお膝の上で、喉を鳴らしながら祖母の顔を見てにゃぁ、、、。と、力なく鳴いた直後だったそうです、、、。ありがとう　そう聞こえた気がしたよ。祖母はそう言ってました。

411

五年経って、わたしはその彼氏とも別れました。別れるとき、ちゃおはとても怒っていたけど彼氏が浮気したのが悪かったということにちゃおが気づかなかったようです。わたしは、働くようになり、ちゃおは、実家の母のもとに預けてしまったのです。それから、また数年が経って、わたしは別の男性と結婚し、子供にも恵まれましたが、乳がんの手術をすることになり、その日にちゃおは亡くなったんです。わたしの両親は、わたしにそれを知らせなかった。それから三ヵ月後、夢にやせ衰えたちゃおが出てきたんです。もう、ちゃおが亡くなったことを聞かされていたわたしは、生きているのお？生きているのお？と電気のスイッチを入れようとしたら夢だったんです。それから、癌は全快し、ちゃおが自分の命を犠牲にして病気を持っていってくれたんだと思っています。今でも名前を呼ぶと来てくれるような気がします。一緒にお風呂の湯船に入ったり、ちゃお自身も病気して、獣医に連れていったりいろいろな思い出が走馬灯のように浮かびます。

412

居なくなった日、息子が学校帰りに危うくトラックにはねられそうになった事を考えるとあきが守ってくれたのかな…なんて考えてしまいます。単なる偶然かもしれませんが私と息子は今でもそう思っています。甘えん坊で可愛かったけど姉後肌の性格だったあき。いつも人間の話を理解しているような気が感じがする不思議な猫でした。ありがとう、あき。

◎長い話

413

4匹のうち猫じゃらしをしても全くどんくさいのがオハナでした。「この仔は他に貰われていってもあかんやろう」と思い、うちで飼うことにしたんです。そして結婚して家を替わってもオハナと母猫は一緒に住みました。そうして10年の月日が過ぎました。もちろん母猫は亡くなりました。元ダンと別れ話になり泣きながらベッドで寝ていると、自分のベッドで寝ていたはずのオハナが起きてきます。枕元に座り私の眉間をなめだしたのです。ザラザラして痛かったので「もうわかったからいいよ」と言うと自分のベッドに戻って行きます。けど涙の止まらない私は声を出さないようにハラハラと泪《なみだ》していました。するとまたしてもオハナが起きてきて眉間や涙をなめるのです。私をいたわるように、一晩に何回も何回も。そんなことが毎晩続きました。仔猫の時に母猫が落ち着かせるように眉間をなめると仔猫たちはスヤスヤ寝てたことを思い出しました。いつのまにかオハナは私の母になってしまってたのでしょう。その頃でオハナは12歳。その優しさは今でも思い出したら涙が止まりません。そして21年間にわたって私を見守ってくれました。そして最後の夜、同居していた人の肩にオハナが腕を乗せました。病気でもう力も入らないようなか細い腕でした。まるでその人に「後のことは頼みますよ」とでも伝えたかのようでした。その人は猫が格別好きな人では無かったのですが、その人がそんなメッセージを受け取ったというのです。そして、そのままオハナは横になると息を引き取りました。母を若くして亡くした私にとってオハナがお母さんみたいに思えたんです。オハナ、21年間もありがとう！！お疲れ様でした。あなたのことは決して忘れませんよ。

414

私が6歳のころにやってきた、たま。いつまでもいつまでも私のそばでちょこんと座るあなたを私は想像していました。外で遊んでいようが、私が「たま～」と呼ぶと、鈴の音がチリンチリンと聞こえて帰ってきました。ご丁寧にベランダに、ハト、モグラ、トカゲを並べて自信満々な表情を見せることもありました。小学校のころ、学校に行くのが嫌で、とぼとぼと歩いていると、後ろからチリンチリン…。振り向くと、たまがいました。「私、あなたのことなんか全然心配してませんよ」みたいなそぶり。けれど、私の背中をじーっと見つめて、見送ってくれました。中学生のときの眠れぬ夜。たまのお腹に顔をうずめて一晩すごしました。一緒に朝焼けをみたのを覚えています。高校生になって、私が、学校の修学旅行で3日ほど家を空けていたときは「たまは、あんたを探しに行って帰ってこなかったんだよ」なんて話を家族から聞いて、嬉しくなりました。この子は、いつまでも私のそばにいてくれるんだ…。そんな風に毎日私のそばに寄りそってくれて一緒に過ごして、私はたまの「老化」に気付くことができませんでした。私が25歳の春。たまは、自分でトイレに行くこともご飯を食べることもできなくなってしまいました。床ずれを防止するために2時間おきに寝相を変えたり、シリンジでお水と、療養食をチューッと与えたり、お水を飲んだ数分後にはペットシートにオシッコ…。「オシッコしたのね、えらいね～」そんな毎日でした。寝たきりになってからは、嬉しいのか悲しいのか怒っているのか…表情はまったくわからないのに、しっぽだけはいつもフリフリしていました。なでなですると、短いかわいいカギしっぽをずっとフリフリ。いつか、寝たきりから解放されて、また元気になるかもしれない。そう思っていました。たまとの時間は永遠なものだと考えていました。桜の花が散って、新芽が芽吹くころ。たまは天国に旅たちました。私の顔をまっすぐに見て、深呼吸を2回。それまでぺこぺこと動いていた心臓がぴたりと止まりました。私はお花屋さんに向かいました。いい大人が、お花屋さんで号泣。事情を説明したら、お花屋さんはたくさんのお花を用意してくれました。たまは、たくさんのお花と、おやつとともにお空に向かいました。私は3日間、泣き続けました。いつまでも若いまんまだと思って老化に気付けなくてごめんね。いつも私のそばにいてね。いつか一緒に虹の橋を渡ろうね。そして、ほんとうにありがとう。

415

出会いは6年前。僕がまだ中学2年生だった夏。当時友達の家にチョコという名前の猫が居ました。僕はそのチョコが大好きでよくその友達の家に通っていました。その時から僕は猫を飼ったらクッキーという名前にしようと決めていました。理由は単純なんですが「チョコとクッキーを合わせたらアイスの名前とかにありそうで美味しそうじゃない？」というものでした。ある日その友達の家に野良猫が来るようになって野良だから餌をあげるわけにもいかず困っていると相談がありました。その日の帰りに僕は友達の家に寄りその野良猫が来るのを待ちました。家でチョコと遊んでいると外から「ニャァ」と猫の鳴き声が聞こえました。そーっと表へ出て泣き声のするほうに歩いていき庭の方を見てみるとまだ小さな猫が窓に向かって何度も鳴いているのを見つけました。その猫は僕に気付いたようですごい勢いで駆け寄ってきました。僕はこんなに人懐っこい野良猫が始めてだったので少し驚きましたがゆっくり腰を落とし頭を撫でたりしました。僕は野良猫に「お前一人なのか？」と質問の意図が分かっているかどうかは不明ですが「ニャア」と鳴きました。「じゃぁウチにくるか？」と聞くとまた「ニャァ」と答えました。「じゃこれからお前の名前はクッキーだ！いいか？」と聞くと「ニャァーー」と答えました。僕にはそれがすごくうれしそうに見えました。これが僕とクッキーの出会いです。クッキーがウチに来てから1年半の歳月が過ぎていました。その頃になると家に居るときはずっとクッキーが傍に居て寝るときも僕の布団に入ってくるほど仲良くなっていました。そんなある日学校に遅刻しそうで僕は朝焦りながら準備をしていました。そしていつもなら玄関を出る前にクッキーを抱きしめるのが日課だったのですが焦っていたせいもあり忘れて家を出てしまいました。靴が玄関に引っかかって半開きの状態だったことも知らずに・・・お昼になり母から携帯に電話が来ました。内容はクッキーが車に轢かれたというものでした。すぐには状況が掴めず唖然としているだけでした。我に返って病院に行かなきゃ！と思い先生に早退すると伝え学校を後にしました。しかし、車でも20分かかる場所に走って向かっているので1時間近く掛かってしまいました。僕がついた時にはクッキーは息を引き取ったあとでした。クッキーは外傷は少ないものの体の中が手遅れという状態でパッと見ただけでは眠っているようでした。僕は後悔しました。朝僕が気付いていれば。寝坊なんかしなければ。・・・もっと抱きしめておけばと。僕は泣きながらクッキーの遺体を抱きしめました。「ごめんね！ごめんね！」と声にならない声で何度も何度も言いました。家に帰り庭にお墓を作ることになりました。僕はクッキーを離すことができず見ているだけでした。クッキーを強く抱きしめてそっと穴の中へクッキーを下ろしました。ゆっくりとかけられる土を見ながらいろんなことを思い出していました。いつのまにか涙は止まりお墓は出来あがっていました。母に連れられて家に入りました。部屋に入りボーっとしていました。重みのない膝。泣き声のない部屋。泣きつかれていつの間にか寝ていました。夢の中で僕はクッキーと二人で話していました。クッキーの言葉が分かり普通に話していました。なにを話していたのか記憶にないのですが最後に「ごめんね。がんばってね」と言われたのはなんとなく覚えています。

416

出先にいると母からメールが・・・。「ライが苦しそうだよ。」帰宅途中でしたが車を走らせ自宅に向かいました。「もうだめそうだよ。」涙を流しながら運転し1時間後自宅に着きました。もう逝ってしまった・・・。そう思っていたら母が「ライ頑張ってるよ。あんたの帰りを待ってたんだよ。」と言いました。確かにそこには息の荒い変わり果てたライがいました。私が声をかけると意識朦朧の中起き上がり声を出しました。しばらく手を握り声をかけていましたが一度大きく鳴くと彼女の呼吸は止まってしまいました。帰宅からほんの10分位の出来事でしたが確かに彼女は私の帰りを待っていてくれたのだと思っています。私のお菓子を勝手に食べたりベットを占領したりお気に入りの寝場所は私の顔の上だったり。いろいろな思い出がよみがえってきます・・・。彼女はきっと先に逝ってしまった家族たちに再会しゆったりとした時間をすごしているだろうと思います。

417

「タカちゃん、近頃、調子悪くって・・・。」お義母さんの言葉が気になって、二人の子供を連れて訪れた玄関には、ガリガリにやせ細ったタカちゃんの姿がありました。目も悪くなってしまっているようで、足元がおぼつかず、ゆっくりゆっくり歩く後ろ姿には、やんちゃだった以前の姿はどこにも見当たりません。目も伏せがちで、鳴き声を上げる事すらできなくなっているその姿に、思わず掛ける言葉を失ってしまった私達親子。「何と声を掛けてあげたら・・・。」と私が迷っている横で、お義母さんがいつもと同じように、「タカちゃん！タカちゃん！ご飯だよ！」と、優しく呼び掛けています。もちろん目も耳も、ほとんど機能はしていません。しかし、次の瞬間、伏し目がちだった目を、大きく見開いたタカちゃんの姿がありました。「タカちゃん！タカちゃん！」お義母さんが呼び掛けるたびに、目を精一杯に大きく見開くタカちゃん。その姿から、お義母さんとタカちゃんの、強い絆を感じ取らずにはいられませんでした。「随分、変わっちゃったね・・・。」若かりし日のタカちゃんをよく知る人は、老いたタカちゃんの姿を見る度に、口ぐちにそう言っていました。でも、娘達はいつも、こう言い続けていました。「何も変わっていないよ。何もかわらないよ。昔も今もタカちゃんは、かわいいかわいい家族の一員だよ。」と・・・。確かに変わっていないのかもしれない。大きな瞳は、家族の笑顔をいつも優しく映し出していました。

418

ニケは、我が家に来て丁度4年ぐらいでお空に帰ってしまいました。家族は、今でも可愛い子やったなぁとニケのことを思い出しています。彼は、亡くなる数ヶ月前の検査でエイズと白血病のどちらにも感染しているといわれました。そんな彼が亡くなる時に、私に教えてくれたこと。人との繋がり。ニケは、輸血をしないといけない状況でした。猫の輸血は、抵抗があるようで中々助けて頂けないのが現実です。私達は、2度の輸血を行なったのですが中々見つからずでした。その頃、色々あって、私は、人との関わりや外に出ることに臆病になっていました。だから、助けてもらえないことに対してやっぱりな…どうせそんなもんやわって思ってしまっていました。でも、教えられました。ニケがあかんかもしれないけど…最後の望みに…2回目の輸血を行うことになりました。その時、全く知らない沢山のひとが動いて下さって…そして、輸血をしても良いよという声を沢山頂けました。ニケが苦しんでいて、それが辛くて泣きながらの看病でしたがその瞬間、全く違う想いで涙が止まらなく…ありがとう。って動いて下さった方々に、そして、ニケに。。。結局、ニケはお空に向かってしまいましたが最後の最後まで、色々な方に支えていただき想っていただき、幸せな猫ちゃんでした。自分は、この子に出会って沢山教えてもらって…最後には、ずっと抱えてた靄《もや》に光を差し込んでくれました。名前をつけた最初は、名前負けかなぁ〜と笑ったりしてましたが、本当に強い男の子になったね（＾＾）私の中では、今もずっと、可愛い子でやんちゃな顔や仕草を想い出します。私は、今もダメダメですが、ちょっと変わりました。それは、ニケがどんな言葉よりも大切な温かい心を教えてくれたからです。猫と私は、言葉が無くても伝え合える家族であり友人であり親子であり恋人である誰にも負けない心強い相棒です。

195 似ている猫

196 わかりづらい猫

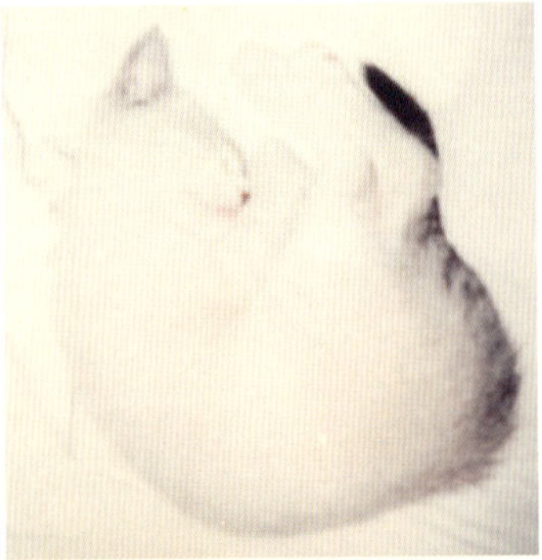

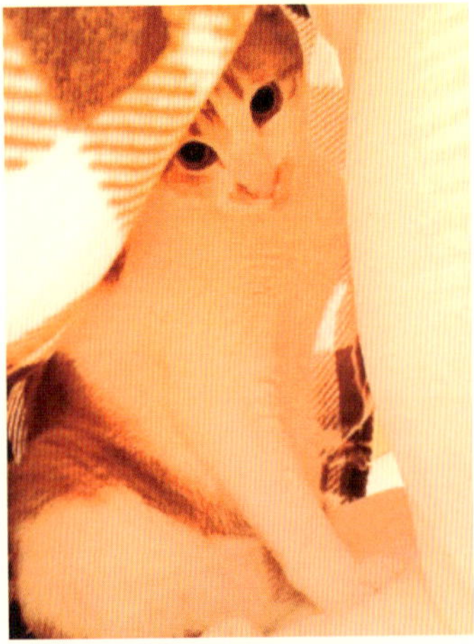

197 横顔

198 のせ顔

199　座る猫

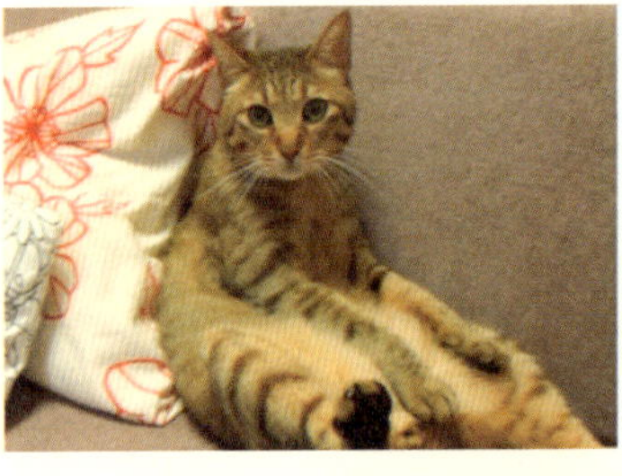

200　手をあげる猫

201　ちいさなこねこ 1

202　ちいさなこねこ 2

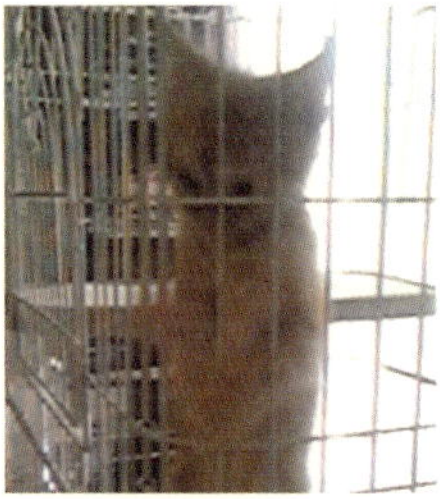

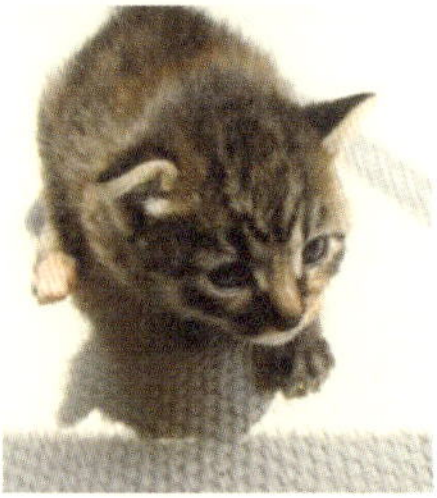
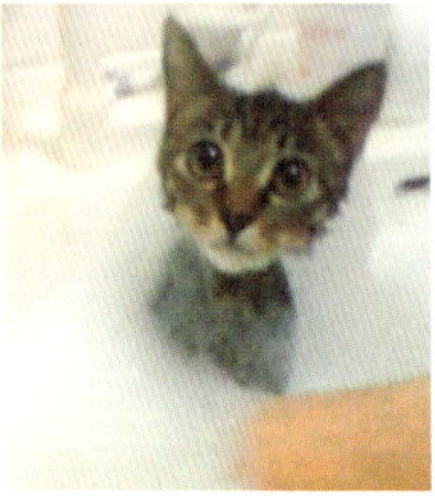

203 オレンジの光の中の猫

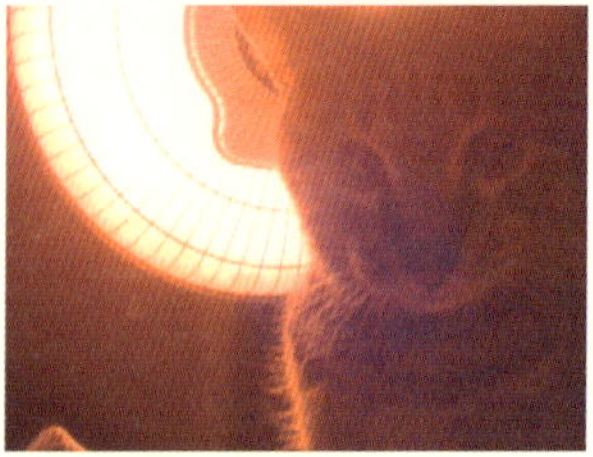

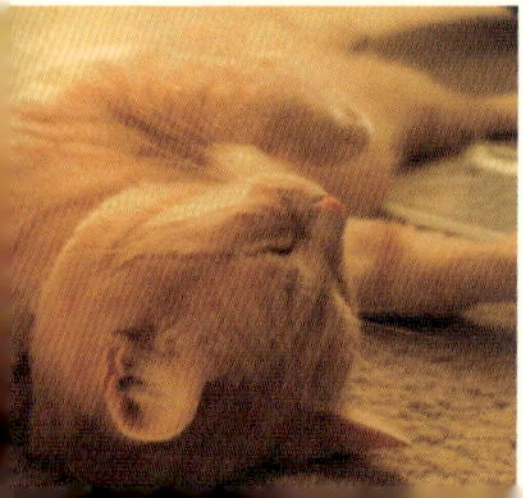

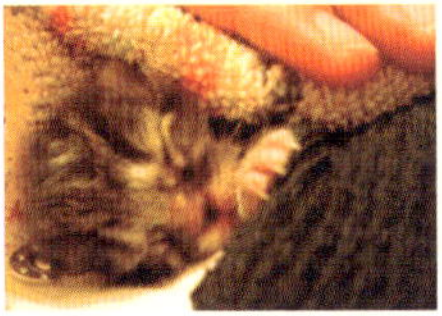

204　光の中のいろんな猫

感謝

◎ありがとう

419
猫を飼うなんて思ってなかったけど、
こんなに楽しくてパワーをもらえるなんて
思っても見なかったよ。
家にきてくれてありがとう！

420
出会いにほんと感謝です！！

421
2人とも、ウチにきてくれてありがとう！大好きだよ！！

422
朝起きたら目の前に顔があった。
顔もまんまるになってきて
ああ、幸せそうな顔になってきたなって
私も幸せになった。
まんまるな幸せをいつもありがとう。

423
私の母が咳をすると、大丈夫！？っと言うかのように
ニャーと優しく鳴いてくれる。
いつもいつも、ありがとう。

424
うちには3年間うちにいてくれました。
人懐っこくて、連れが寝て私が起きてると
「家族は一緒に寝るべき」と言わんばかりに
呼びに来る子でした。
駄目と言われる事もほとんどしない子で、
おもちゃを控えめに持ってくる熟女の魅力。
うちに来る前は色々な名前を持っていて、
色々な人に可愛がられたんだろうと思います。
「さいごのおうち」
うちを選んでくれて有難う。

425
もっと一緒にいたかった。
だけど、22年も一緒にいてくれてありがとう。

426
11/10、13：13、
今日、遠い世界へ旅立っていってしまいました。
楽しかった七年間を有難う。

427
20年間本当にありがとう。うらら
でもまだ本当に悲しいです。

428
あの世で父と仲良くしてるんでしょうが
惜しい・・・
また同じ幸せに出会える日を待ち望んでいます
最高に幸せだった日々をプレゼントしてくれた
ジジ君有難う！！
幸せだったよ、本当にネ　有難う！！

429
窓の外には希望と愛がちゃんと待っていたんだよね。
チーとモー、それを教えてくれてありがとう。

430
毎日一生懸命話しかけてくれて
毎日元気に遊んでくれて
毎日かわいく甘えてくれてありがとう。

431
ペットショップに行ってトラのおもちゃを
これは喜んでくれるかな？と
ウキウキしながら選んでる姿は
以前の自分からは想像できない。
毎日をこんなにも楽しいものにしてくれた君に
改めて心からありがとう。

432
その後もみーちゃんのそばで見守り続けましたが、少し離れようとすると力を振り絞るようにニャーニャーと大きな声で鳴くのです。そのものすごい声にどこか痛いんだろうな、と思いつつも何もできない自分が歯がゆくて仕方がありませんでした。そんな時、お父さんが『ニャウリンガル』という鳴き声を翻訳してくれるおもちゃを持ってきました。「こんな時に・・・」と不謹慎に思いつつもスイッチを入れてみると「幸せだにゃ〜」という表示が。その瞬間、涙があふれました。その夜、みーちゃんはお母さんに抱かれて静かに息を引きとりました。偶然にも私が夏休みを取っていた3日間、みーちゃんの最期に寄り添うことができ、最後に大きなプレゼントをもらった気持ちで、みーちゃんには心からありがとうと言いたいです。

433
たくさんの愛をありがとうございました。
いつか私がその場所に行った時、覚えててくれるといいな。
またあの頃のように遊んでください。

434
みーこさんのおかげで猫が大好きになりました。
ありがとうございました。

435
みーちゃんのおかげで、寒い日も、面倒な日も、
洗濯を干すのが楽しくなったよ。
ありがとうね、みーちゃん。

436
あなたがいるから毎日がきらきらです。
たくさんの愛をありがとうね。

437
ぷりんが家に来てくれたことで、
沢山、色んなことが変わり、救われました。
ストレスが溜まる一方の、このご時世に、
精神的にぷりんには助けられました。
何が、どうで、とゆう感情ではありません。
言葉を発せない分、心と目で分かってあげようとゆう
無償の愛が生まれました。
ぷりんも、心と目でちゃんと
私たち家族の事を理解してくれてます。
家族になってくれて、ありがとう、
といつもぷりんに感謝してます。

438
遠く離れて暮らす私に代わって両親を楽しませてくれた
チョン太に…ありがとう

439
どこかで今も元気でいることを願って。
最後に、ありがとうココちゃん。

440
本当にこれは愛だと思う。
そうとしか思えない。
守られているとさえ思う。
自分よりもずっと小さなこの生き物に。
心配かけてごめん。
でもありがとう。
本当にありがとう。
あなたがいるからもっともっと頑張れます。

441
14年間、一緒にいてくれてどうもありがとう。
天国でもおてんばしてるでしょうか。

442
先代が23年の時間を止め、家の雰囲気が暗くなったとき
姉が小さな姫を買ってきてから、
我が家はとたんに明るくそして騒がしくなりました。
悪さばかりする姫だけど、
家がまた明るくなったのは本当にこの子のおかげ。
ありがとう。

443
飼い主さんから、連絡をもらったときには、すでに虫の息。
涙があふれて、止まらなかった。
短い間だったけど、あのときのこと、一生忘れません。
ありがとうね。

444
チャコ。今はどうしてるのかな？
会えるならば会いたいけれど、できない。
出会えたことで愛する事を少し
教わった気がしたんだ。ありがとう。

445
カィがいなくなって数日。毎晩寂しくて泣いてます。
隣にカィがいないのは寂しいよ。
大好きなカィ。
天国から見守っててね。カィの事は一生忘れないよ。
ありがとう。

446
今までありがとう。
大好きな　大好きな
かわいい　かわいい
梅太のお陰で、猫が大好きになりました。
猫と暮らす幸せを知りました。

447
くぅ、ちゃちゃ。きてくれて本当にありがとう。
本当に、本当に、ありがとう。

448
ある時、私が落ち込み、ひどく孤独な気分に浸っている時、ふと気付くと足元にみいちゃんがいるのです。彼女は喉をゴロゴロ鳴らし、私に伝えていました「いつも一緒だよ、ひとりじゃないんだよ」と。今、みいちゃんは天国に行ってしまいましたが、私はいつも彼女の写真に話しかけます…
「たくさんの時間をありがとう」と。

449
ただそこにいるだけでニャンは優しい気持ちにしてくれる。
出会ってくれてありがとう！　心の底から感謝しています。

450
だから、ほんとうにごめんなさい。
でもたくさんたくさんありがとうティアラ。

451
マロちゃんが一緒にいてくれる。
だから私はがんばれる。
家に帰ると必ず出迎えてくれる、マロちゃん。
大好きです。そしてありがとう。

452

私の小さい天使はいま沢山の友達と一緒の場所にいます。
きっともう苦しくないよね　沢山走っていいんだよ
沢山遊んでいいんだよ
お母さんはねもっとアルと沢山一緒にいたかったよ。
遊びたかったよ　でもねきっとまた会えるよね
本当にありがとう　ありがとう　またね　ありがとう

453

私はお仕事で母親からのメールで知った。
「bebe死んじゃったよ。」
現実として受け止められなかったけど
帰ったら冷たくなったあなたがいた。
最後は看取れなかったけど
ずっと「今度生まれ変わっても、私のそばにいてね」と
bebeにお願いしながら、
庭に親猫と同じように埋めてあげました。
23年間ありがとう。
ありがとう。
いま、わたしは動物看護の道に進んでいる。
OLをやめて、友人の紹介で始めたんだ。
あなたとの23年間を飼い主さんたちが
真剣に聞いてくれるんだ。
あなたの存在が私の誇りです。
本当にありがとう。bebe。

454
マリンとお別れをした次の日
主人としんみり夕飯をとっていた時に
携帯が鳴り出しました
触ってもいないのに
携帯のミュージックが鳴り出したのです
その曲はマリンの闘病中、毎晩聞いてた曲
マリンにもよく「この曲よくない？＾＾」と
話しかけていた
その曲がかかったんです
きっと天国から
マリンが「元気を出して」とかけてくれたと
信じています。
ありがとね、マリン

455
私が１人で泣いていると、
必ずじっと横に座っていてくれる優しいにゃんこです。
いつか必ず別れが来るけれど、
それまではお母さんの側にいてね。
いつも癒してくれてありがとう。
これからもずっとよろしくね＾＾

456
ミーちゃん　うちに来てくれて本当にありがとう。

457
今、あなたは腹膜炎をわずらい、
毎日生きていることが奇跡の日々を過ごしています。
片目の視力も失い。歩くのもやっと。
あんなにころころして太っていたのに、今では骨と皮だけ。
痛々しいほど。それでも、精一杯生きていてくれる。
それだけで、ありがとう。
病気のつらさを耐えてくれてありがとう。
そばにいてくれてありがとう。

458
こんな素敵な猫、いません。ほんとにありがとう。。。

459
最後に抱きしめることが出来なかったのが
残念でなりません。20年たった今でも時々思い出します。
一緒に過ごした時間はそんなに長くはなかったけど、
これから先も忘れることはありません。トム、ありがとう。。。

460
まさに猫可愛がり！
可愛がられるために来たんだね。幸せになりに来たんだね。
うちに来てくれてありがとう、
亡くなることも、我が家にくる事も、運命だった。
そう思わずにはいられません。

461
楽しい時も、悲しい時も、寒い日も、暑い日も
一緒に過ごしましたね。
あなたを置いて出かけてしまった日は、
お出迎えの時におもいっきり文句言ってました。
クールに決めていてもどこか抜けているあなたには
いつも笑わせてもらっていましたよ。
冬の寒い日、車の後ろで横たわっていたあなたを見て
涙がとまりませんでした。
温かかった体を抱き上げて病院へ駆け込んだ時は、
もう息を引き取っていましたね。
いつも一緒に寝ていたお友達と
最後の何日かを一緒に過ごしているあなたは穏やかで、
いつものように寝息を立てているような寝顔でした。
皆に見送られて今は天国で楽しく遊んでいるかしらね。
新しいお友達は出来ましたか？
いつまでも忘れませんよ。
ありがとう～。

462
ねこやんは幸せやったかなって今でもわからないけど、
私はねこやんがいてくれて幸せでした。
ありがとう！

463
ポッキーと一緒に寝てる時間が一番幸せで
迷惑そうにしてるけど
横に一緒にいてくれるのが嬉しくって
抱き寄せちゃう。
そのときいつも『ポッキーが世界で一番大好きだよ。
私のところにきてくれてありがとう。』っていってしまう。
私にもアナタにも時間には限りがあるけど
その時間が毎日思い出になるように
時間がゆっくり進みますようにって
今日も寄り添いながら神様にお願いしてるよ。

464
こんな気持ちを教えてくれてありがとう。
いつまでも元気で長生きしてね！！
ずーっと一緒にいようね。

465
引越しの多い私に付き合って、どこにでも馴染んでくれて
ありがとう
猫は家につくっていうから、本当はすごく心配してたんだよ
これからもずっと、どこに行っても仲良く一緒にいようね

466
忍びこんでくれてありがとう(^^)うんと長生きしてね！！

467
私は、あなたが居てくれたから大きくなれたし
沢山の幸せを貰ったよ。ありがとう。大好き！！

468
いつも。
いつも。一緒にいてくれてありがとう。。

469
10年と11ヶ月と16日間、愛に溢れた時間を
本当にありがとう。

470
私たち家族を癒してくれてありがとう。
たくさんのやさしさとありがとう。また会おうね。

471
今でも、モモコは幸せだったのかなと、
考えることがあります。
私の腕の中で息を引き取った時、酷く泣きました。
けれど、思い出すとそのことが酷く嬉しくて。
ありがとう、と言いたくなるのです。
私が起きるまで待っていてくれてありがとう。
さよならを言ってくれてありがとう。
一緒に過ごしてくれて、ありがとう。

472

そんな時、とらが枕元にやってきた。尻尾が頭に当たる。まるで、なでてくれているようだった。私は、その時とらに「泣いてもいいよ」と言われた気がした。涙が、目からあふれた。思わず、とらに抱きつき、私は大泣きした。とらは、私の腕の中で、ご自慢の縞々模様の毛皮を涙と鼻水でべたべたにされながらも、じっとしていてくれた。とらのあの、優しい茶色の瞳を大人になった今でも思い出す。

彼はもう戻ってはこないけれど。

いつまでもいつまでも、大事な大事な私の兄弟である。

ありがとう。優しさをくれた、私の大切な兄弟。

473

ちゃちゃありがとう。

息子はあなたが居なくなってから甘えん坊になりましたが、あなたの残してくれた大切な子供だから、これからもずっと、思いっきり甘えさせ甘えて生きていきます。

474

ころは、私が悩んでいてなかなか眠れなかったとき、

そっと布団の中に入ってきて寄り添ってくれました。

いつもはグルグル言って甘えるのに、

音も立てずにこっそりと・・・。

やわらかな暖かさに包まれて、とても癒され、

眠りにつくことが出来ました。ありがとう。

475
おやすみ、ありがとう。

476
必ず、また逢える日が来るよね。
きっとまた一緒に暮らせるときがくるよね。

477
かけがえのない時間をありがとう。

478
ありがとう。
またね。

◎そして

479

20年。
人間でいえば100歳近くまで生き抜いた大往生。
いつか来るとは覚悟してたけど、いざその瞬間を
目の当たりにして私は何も言葉がでなかった。
「もう頑張らなくていいよ」
母のその言葉に安心したようにいちごは咳を2回した後、
息を引き取った。
2005年1月1日深夜。
家族全員が揃った日に。
みんなに逢いたくて、最後の力を振り絞って頑張っていた
と思うと今でも涙が出る。
あれから5年。
毎朝、お線香をあげてから出勤。
毎日を無事に過ごせているのはいちごのおかげ。
我が家に来てくれてありがとう。

480

チャーがわが家にきてくれた意味。。。
きっと、幸せは身近にあるってことを
教えてくれたんだと思います。
母親は太陽の存在でいなければならない、ということを
教えてくれたんだと思います。

481
うちを別荘だと思ってるのか、
お昼来ては、昼寝をして居るようになりました
専業主婦で家にじっと居ることが多い私に、
笑顔にしてくれる招き猫だとも思ってます
でも、夜はどこかへ帰っていくんですよ・・・・。
ちょっと淋しい気がする今日この頃です。
でも、寝顔や、寝てるときの格好を見てると
クスっと笑えるのです。
幸せな気持ちにしてくれます。

482
私が結婚して子供を生み、おじいちゃんになったくろ。
弟には、ずっと赤ちゃんをあやすかのように擦り寄るくろ。
友達みたいに一緒に公園に行って虫取りをしてくれたくろ。
私達家族は、沢山のくろとの思い出が出来た。
5年前の夏。母の腕の中で安らかに息を引き取ったくろ。
23年間も一緒に居られた。
皆泣いた。
こんなに沢山の時間を過ごして。
こんなに沢山の思い出があるのに。
一緒に撮った写真が、1枚もなくて。
頑張って探した写真が10枚。
でも、心に残った沢山の思い出は消えないからいいかな…。

483
まいごは、自分のいるべきピッタリのいい場所を探す、
天才です。
彼は目ざとく、自分の体にピッタリの場所、暖かい場所、
涼しい場所、邪魔されない場所、見たいものが良く見える
場所を見つけ、そこに陣取るのです。
人間には、猫ほど上手に、常に自分の心地いい場所を見つけ、そこを自分の場所にする才能はないので、
そこは常々あやかりたいと思ってます。
でもひょっとして、他にもたくさん家があったのに、
我が家の目の前に座っていたのが、
この家！とまいごが選んだということだったとしたら、
私たち一家は、それは本当に
誇りに思ってもいい！と、思っています。

484
ブーツは元々野良猫だったと聞いている。子猫の時にお義父さんに助けられて、お義父さんの家にやってきた。お義父さんの家に遊びに行くと、いつもあわてて外に逃げだす猫だった。人が家の中にいる間は、決して家の中に入ってこなかった。人を信用していないようだった。何回遊びに行っても、ブーツの態度は同じで変わる事はなかった。
ブーツが唯一信頼していた人間は、お義父さん。
そのお義父さんが亡くなった。
押入れのすみで、小さくなって震えていたブーツは、犬が

いる我家にやってきた。ブーツは、信頼できない人間と大嫌いな犬がいる家で暮さなければいけなくなったわけだ。ラッキーが追いかけないように、特等席をテレビの上の方に作り、そのそばに食事と水を置いた。食事はもらえるとわかった様子だったけれど、何が起こっているのかわからなくて、不安の連続だったに違いない。テレビの台から降りてくると、ラッキーに追いかけられて、よく家の外に逃げ出した。暗くなると、毎日のように1時間以上私はブーツを探し続けた。やっと見つけてもなかなか捕まえられないし、無事捕まえられても、ブーツはすぐつめを出した。おかげで、私は傷だらけだった。私は引っかき傷を見ながら、ブーツは傷つきすぎて、心を開く事が出来なくなった人間の子と同じだとよく思った。
あれから4年たった。
1年半前に、ラッキーが逝ってしまった時、私を慰めてくれたのは、ブーツだった。今では朝は起こしに来るし、外から帰ってくると、出迎えに来てくれる。私の姿が見えないと、“どこにいるの？”と、とてもおばあさんだとは思えない子猫のような可愛い声で、私を探す。夕食の準備をしている間や、庭にいる時は、隣でちょこんと座っている。私が座れば、ひざの上にご機嫌伺いに来る。
「生まれてきてよかった？」
肩の骨折の痕と、引きずって歩く足を見ながら、ブーツの人生を思いやって、そうよく聞いていたけど、今は
「生まれてきてよかったよね〜。」と私は話しかけている。

485
一時はなれた時期もありましたが、
共に野原に行ったり、流星群を見たり、昼寝をしたり、
思い出は数限りなく溢れます。

486
今までに、グラミーと二人でいろいろな場所に行きました。とても遠くにも、新幹線だって二人で乗りました。猫とこんなに心が通い合って一緒にどこまでも出かけられるなんて思いもしなかった。でも、それは素敵な二人だけの時間です。ありがとう、グラミー。本当にありがとう。

487
今はその傷跡は残っているものの元気に庭を
駈けずり回っています。目もちゃんと治り安心しました。
そして最近は喧嘩をしないようで
傷だらけで帰ってくることがなくなりました。
「あのとき私の所に戻ってきてくれてありがとう」
いまでもハセヲに言います。
そして彼は目を細めてお昼寝するのです。

488
すごくきれいな夕日で空が一面真っ赤だった。
外を見ていたらチップも寄ってきて、
一緒に夕日を眺めた。きれいだったね〜

489
黒猫のカームはいつもわたしに頼みます。
「窓を開けてよー。散歩に行くから窓を開けてー」と。
でも、わたしは彼が
自分で窓を開けられるのを知っているので、
「行きたいなら自分で開けたら？　窓開けると寒いし…」
と、誰が窓を開ける開けないでいつもケンカになります。
彼は試練家なのか、雨の日も風の日も、
雪の日ですら外に出かけます。
そして礼儀正しい性格なのか、
ずぶ濡れで帰ってきた日は律儀にも窓の下で、
「僕、ずぶ濡れなんですけど入ってもいいですか？」
としばらくわたしがタオルを持ってくるのを待っています。
よく猫はパトロールをしたり、集会に参加すると言いますが、
どうやら彼には仕事があるようなのです。
それはあちこちで体中に植物の種を付けて集めることです。
もちろん家に帰ってきた時にわたしが毛の合間から
種を取るのですが、その後にその種を庭に蒔きます。
そうすると次の春には、彼が運んだ種たちが芽をだして
小さな箱庭に花を咲かせます。
猫も自然の中では何かしらの役に立っているんだなぁ…と、
それをしみじみと眺めるのがわたしの小さな幸せです。

色んな人の、猫とくらす

嵐田光さんとブンブンとトラ

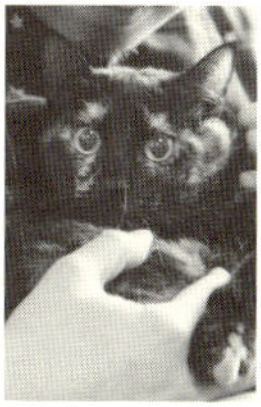

一人っ子だったので両親が寂しいだろうと、僕が小学校に入学した頃から猫を飼い始めたんです。それがまあ両親ともに猫好きで、どんどん拾って来て一時期４匹飼っていたこともありました。最終的に今の２匹に。ブンブンは川崎に住んでいた頃に父親が拾ってきました。父親の足下にすりすり寄ってきたそうです（笑）。トラは母親が新宿中央公園のノラ猫にエサをよくあげていたところ、突然ホームレスの方に、“この子をもらってくれませんか？”とトラを預けられて、そのまま飼い始めていました。やっぱりノラ猫だった時代が長かったのか、トラは今でもすごく人を警戒して、孤独を愛する女です（笑）。僕もやっと最近になって撫でさせてもらえるようになって。あとたま〜に気分がむいたら膝の上に乗ってくるぐらいかな。

ブンブンとトラは、母親とは夜も一緒に寝てもうベッタリなんですけど、僕とは一度離れて暮らしていたこともあって、適度な距離を図ろうとする。でも誰かがそばにいてくれるような感覚を彼らにいつも与えてもらっています。僕は仕事柄、家にいる時間もすごく短くて夜中に帰ってくることもしょっちゅうなんですが、そんなときにとっとっとって走ってきて、“ニャー”って、玄関で迎えてくれるんです。きっと彼らからすると家にたまに帰ってくるおじさんみたいな感覚なんですよね。

今では外に出ることもなく完全に家猫ですが、軽井沢に別荘があって、そこに毎年母親と彼らを連れていくのが恒例になっているんです。彼ら、軽井沢の山を駆け上るのを楽しみにしているんですよね。森に放してもちゃんと帰ってくるんです。あ、でもときどき一晩戻らずに翌朝ぐったりした様子で帰ってくることもありますね（笑）。「何があったんだ!?」って聞きたくなるような顔して。

軽井沢というと、今は亡きチャンプのことを思い出すのですが、別荘の周囲には友達の別荘もあって、そこがうちから５分くらい歩いていったところにあるんです。その家に母親と僕でバーベキューしに行ったんですよ。で、終わってその家の居間でみんなで飲んでいたら、廊下をとっとっとってチャンプが歩いているんです。僕は連れて来ていない。つまり勝手についてきていたわけですけど、普通例えば犬だったら“キャー”って飼い主のそばに来るじゃないですか。なのにまったくこっちを見ようともせずに、“あっ飲んでいるのね”ぐらいの感じでそのまま廊下を歩いていってしまって。すごく素っ気ない。でもそういうところがたまらなく猫のかわいいところ。よく思い出しますね。

そのチャンプは、3、4年前に病気で亡くなってしまいましたが、当時、僕は実家を出て、友達と家をルームシェアしていたんですね。その頃からチャンプが病気にかかってしばらくお見舞いのため実家に通う日々が続いていたんですが、とうとう“チャンプが亡くなったよ”という知らせを聞いて、埋葬をするために帰ったんです。それで供養したあとに自分の家に戻ろうと車で初台の周辺を走っていたら、突然車のカーナビゲーションの表示が東京湾の海の上になったんです。今まで車のカーナビが壊れたこととか一回もなかったのに、突然ですよ。その後も皇居の方を表示したり、ぐるぐるしてしまって結局、帰り道ずっと東京のあちこちを走っている状態が続いたんです。でもそれがまた翌日にはちゃんともとに戻っていて。僕、霊的なものとかまったく感じる人間ではないのですが、あのときはきっとチャンプが東京の空を徘徊していたんかなって。不思議と自然にそう思えるんですよ。

青木むすびさんとまだらともっぷ

ときどき“猫を飼っています”と言ってしまうんですけど、それはまだらともっぷに失礼な気がして。“一緒に暮らしてます”という表現の方がふさわしい感じがするんですよね。そういう感覚なので、例えば息子が“エサあげた？”って言うと、“エサ

じゃなくてご飯でしょ”って、つい怒っちゃう（笑）。

暮らし始めたのは３年前です。当時、生活環境ががらりと変わり、これでようやく猫が飼えるかなって思って、ストーカーのように夜な夜なスコ（スコティッシュフィールド）のwebサイトを片っ端から開け、探し始めたんです。そんななかで見つけたのが、後のまだら。顔写真がアップされていたんですけど、この子だ！ってすごくピンと来たんです。それでまだらのいる千葉県のペットショップまで息子と一緒に行って、そのまま連れて帰ってきました。

ところが、連れて帰ってすぐに異変に気づきました。おしっこをきちんとトイレでするんですけど、おもらしがひどかったんです。最初はトイレがちゃんと覚えられてないのかなって思ったんですけど、日に日におもらしの量が増えていったので、病院に連れていったんです。そしたら腎臓の片方が全然機能していないとお医者さんに言われて。またもう片方の腎臓も腫れていて、結局その腫れた腎臓が膀胱を圧迫していたみたいなんです。それで最終的に腎臓を片方摘出する手術をしてもらって、その結果おもらしはしなくなりました。まだらは大病持ちだったんですよ。

ペットショップへのクレームについては、それは頭にも浮かばなかったですね。うちにやって来たその日からまだらは家族の一員ですから、すべてを受け入れるのは当たり前のことです。もちろんこの先も。

その後、以前から犬のいる生活をしたいと話していた息子のためにボストンテリア（後のこうし）を迎えることになって、ほどなくしてもっぷがやってきました。池袋界隈のスタジオで仕事の撮影があったんですけど、そのスタジオから帰る途中にペットショップがあって、その前を通った瞬間にハッと目があったんです。と同時に不思議ですけど、“この子、うちの子になりたがっている”って感じたんですよね（笑）。既にまだらとこうしがいるので、家族を増やす計画は全然なかったのに。もっぷはまさに衝動的な出会いです。

もっぷの登場で、どちらかというと犬派だった息子も、“もっぷ命”になりました。息子は両手でひしっともっぷのことを抱きしめて、毎日頬擦りしてますよ。その姿は、ちょっと大丈夫ー？って感じです（笑）。

まだらはいわゆる猫らしい猫。ひとりこもり気味で、ほとんど3Fの日当たりの良い寝室でごろんとしている。病気のこともあるせいか、すごく運動神経も鈍くて、最初階段も上がれませんでした。今は身体も少し大きくなって練習もして階段はあがれるように。ホッとしています。一方、もっぷは活動的で、とにかく愛嬌があるし、人が好き。どこにいくにも必ずついてきて、そばにいようとします。仕事で徹夜作業になると、いつも私の足下かテーブルの上で寝てるんですけど、夜中３時を過ぎると、限界なのか“ごめん！先に上で寝るね”って感じで、3F の寝室に静かにあがっていくんです（笑）。その後姿は何度見ても愛おしい。

私は猫が好きですけど、猫であればなんでも無条件に好きっていう感じではないところがあって。まだらももっぷも“一緒に暮らしたい”って思える何かがあったからこそ今、こうしている。だからこの猫たちは、心からうちに来るべくして来た猫だなって思っています。

黒田朋子さんとかりんとごま

平成９年12月のすごく寒い日でした。街を歩いていたら真っ白い仔猫がどこからともなく突然わたしの目の前に現れて、“助けて！”と言わんばかりの感じで足下にまとわりついてきたんです。その場で保護して病院に連れて行き、２週間ほど看病を続けたんですが亡くなってしまった……。この子がわたしにとって初代の猫で、“チロチロ”と名づけた仔猫でした。わたしは、小さな生き物が目の前で死ぬのを初めて目の当たりにして、ものすごく辛くて、毎日泣き暮らしていました。とても短い期間だったけど、チロチロとの暮らしは学ぶことも多かったんです。そんなペットロス状態のわたしを見かねた主人が、ある日新たな猫を連れて来てくれました。その子が、今はもう亡くなってしまった“くらら”というメス猫。くららと暮らしてから２ヶ月後くらいに、“もう一匹いた方がくららも楽しいだろう”と思って“かりん”（メス）が、それから

3年ほど経って、“ごま”（オス）が加わったのです。

ごまちゃんはチロチロのような真っ白い猫で、“この子はチロチロの生まれ変わりに違いない！”と思ったのですが、なんと性格は正反対。しかもくららとの相性がとても悪かったんです（笑）。主人と、“元の飼い主さんにお返しした方がいいかな”なんて話もしていたのですが、“そのうち慣れるだろう”という淡い期待を持って飼い続けていました。ところがいっこうに仲良くなる風はなく（笑）、くららが亡くなるまでずっと仲違いし、威嚇し合っていました。かりんちゃんが仲裁に入ってくれることもなかったですし（笑）。

ごまちゃんはびびり。わたしの友達が家に来ても全く出てこないので、“幻の猫”と呼ばれています（笑）。この子はわたしには全然懐いていなくて、主人とかりんちゃんにべったりです（笑）。かりんちゃんはというと、くららと二匹の時代は妹分だったのに、ごまちゃんが来てからは女王様気質になってしまった。“この三角関係の中で伸し上がってやる！”とでも思ったのでしょうか（笑）。しかも、なんだか自分が黒田家の奥さん気取りで、主人にだけべったりなんですよ（笑）。小言も多くて、主人が帰ってくると、“どこ行ってたのよ！”みたいな怒り顔で迎えています（笑）。逆に、わたしが出張前にトランクケースに荷物を詰めていると、いかにも嬉しそうに“あら、どこか行くのね～”って感じの顔をするんですよ。なんだか、熾烈な女の戦いみたいでおかしいですよね（笑）。

本当に、黒田家は3対1の関係になりがちなんですよ。もちろんわたしが1の方（笑）。だからそんな時は、出張前にトランクケースの中まで入ってきて、“行かないで！”という顔でニャーニャー泣いていたくららが本当に懐かしくなるんです。

亡くなってから3、4年経っていますが、忘れることはないですね。落ち込んでいる時にはいつもそばにいてくれたし、くららにはたくさん助けてもらったんです。だから、亡くなったことがとても悲しくて。主人がくららの写真でクッションを作ってくれた時は本当に嬉しかった。出張の時もこの、“くららクッション”を必ず連れて行き、困ったことがあると“くらら助けて！”と抱きしめているんですよ。トランクケースにしまうのはかわいそうなので、手持ちの荷物の中に入れるんですが、機内でカバンから取り出し、イスに乗せて毛布でパッと隠す瞬間が一番緊張します（笑）。一度、このクッションを隠し忘れてトイレに立ち、暗闇で読書灯が当たった状態になっていたことがあり、キャビンアテンダントのお姉さんに、“猫ちゃんがいる！”と驚かれたこともあるので要注意なんです（笑）。

家に帰ってきて二匹がすやすや眠っている姿を見るとかわいくて、家の中に猫がいて良かったなぁとしみじみ思うんです。チロチロもくららも亡くなってしまい、ごまちゃんやかりんちゃんも高齢なので、どうしてもあと二匹分の死は避けられない。それでも小さい命と暮らしていると、嬉しいこと、楽しいこと、助かること、いろいろあるので、やっぱりわたしは猫たちと暮らしていて良かったと思います。あとはもう少し、ごまちゃんとかりんちゃんがわたしに甘えてくれたら最高なのに（笑）。わたしと二匹との関係は、“こんなに好きなのに！”という一方的な片思いの気持ちに近いかな（笑）。

坂田佳代子さんとハナ

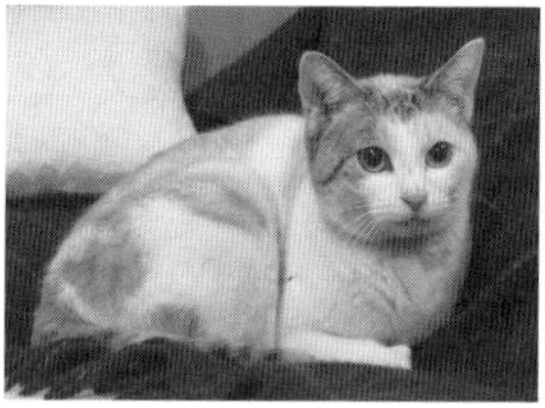

今でも鮮明に覚えているのは、一番最初に飼った猫との出会いのことです。幼稚園の年少組の頃、お天気のいい日曜日に家族でバーベキューをしようと、駐車場から車を出そうとしていたんですね。そしたら突然、一匹の猫が車の上に飛び乗ってきたんです（笑）。すごくビックリしましたが、その子が全然逃げようとしないので、“一緒にバーベキューに連れていこう”という話になって。野良猫だったと思うんですが、人懐っこくて、一日中うちの家族と仲良く過ごしていたんです。それが帰る頃に姿が見えなくなり、あちこち探したんだけど出てこなかった。“もう見つからないかな”と諦めた頃に“ニャー”という声がして（笑）。これも何かの巡り合わせだから一緒に帰って暮らそうと、その猫はとても自然にうちの家族の一員になったんです。

その猫が子供を産んで、多い時には同時に３匹の猫を飼っていました。猫がいるのはもはや我が家の日常で。これまでに代々6匹の猫を飼ってきたのですが、2009年の春に太郎という猫が亡くなってしまい、“そろそろまた猫を飼いたいね”って母親と話していた頃にハナが現われたんです。いわゆる“迷い猫”で、手術の痕もあったから、飼い猫だったことは間違いない。元気になるまでしばらく預かってみようと、エサやお水をあげて様子を見ていたんです。ところが、数日後にこの子が突然出て行ってしまって。寂しかったけど、“元の家に帰ったのかね”、“無事に帰れてるといいんだけど”なんて家族で話していました。

猫なりに大冒険をしていたんでしょうね。たった一週間会わなかっただけなのに、すっかり痩せてやつれた顔をしていました。探しても探しても元のおうちが見つからなかったから、“ならばあの家の猫になろう”と決意して戻ってきたのかもしれません。前は触ると嫌がっていたのがニャーッと甘えてきたり、少し神経質そうだったのがすっかり穏やかになっていて、なんだか性格まで変わっちゃったみたいでした。

実は、歴代の猫たちは父親が名前を決めていて、いつも変テコな名前ばかりつけるので、子供心にも“猫の名前を呼ぶの、恥ずかしいなぁ”と思っていたんです（笑）。それを知っている母親も、“お父さんに先に名前を呼ばれたら負けだから、あなたが先に名づけなさい！”とアドバイスしてくれて（笑）。私が、今までにないほどシンプルな名前に決めました。ハナと名前で呼ぶようになってから、本当に我が家の子になったんだなぁと、しみじみ実感しました。

まわりも穏やかで、外に遊びに出ても疲れたり飽きたりすればきちんと家に帰ってくるので、猫の出入りはなるべく自由にしてきました。外でケンカをしてきちゃうような、気が強い性格の子はなるべく出さないように気をつけていましたが、ほかの猫は基本的には自由にさせてあげてました。みんな勝手に網戸を開けたり、小窓の隙間から出ちゃっていましたしね。でも、ハナには“空白の一週間”があるせいか、外を異常に怖がるんです。好奇心は旺盛なので外への興味は示すんですが、いざ出るとビクビクしてしまう。だから、ハナがうちの中でめいっぱい動き回って遊べるように、ちょこっとずつ工夫をしているんですよ。以前、〈コレックスリビング〉で販売していたキャットトイレを導入したり、ほかの部屋との行き来を自由にできるようにキッチンのドアの一番下のガラスを外したり……。なんだかいつもハナの生活を中心に考えています。
　仕事から帰ってきても、“今日のハナ、どんなことして遊んでた？”なんて、自然とハナを抱いてる人のまわりに家族が集まってしまうんですよ。だから、うちの家族はハナのおかげでとても仲良しなんです（笑）。私自身も、疲れて帰ってきた時でも、ハナを撫でたり抱っこしたりすることで癒してもらえる。家に猫がいることが、本当に幸せだなぁと思う毎日なんです。

阪本円さんときなこ

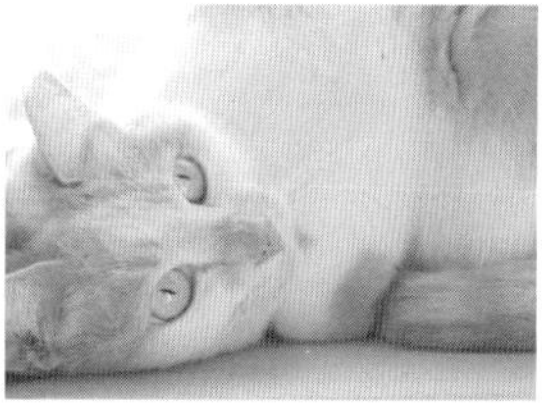

　7年前、祖母のお墓参りの帰り道、家族でペットショップの前を通りかかったとき、入り口に置かれたダンボール箱に生後1、2か月ぐらいの子猫が7、8匹、なかでじっと寄り添っていたんです。“もらってください”と、飼い主が置いていった感じで、“あっなんか捨てられているね”ってみんなで話しながら、そのときは自宅に帰りました。でもみんな帰ったあとも子猫のことが忘れられなかったんです。そしたらまず妹ふたりが“飼いたい”って切り出して。正直、母親の了解は得られないと思いました。それは、このときも妹の言い出しからですけど、昔家で犬を飼っていたことがあるんです。でも時間が経つに連れ、最終的に犬のお世話は母親中心にやることになってしまって。だから今回は“だめ！”ってきっと言われるだろうなって思いました。ところが予想をはずして、母親からの返答は“OK”。あとから聞いた話ですけど、きっと祖母を亡くしたばかりで寂しいというか、何か新しい空気を吹き込みたいみたいな気持ちがあったんですよね。それで代表して妹ふたりがダンボールから最終的に1匹の子猫（メス・きなこ）を連れて帰ってきたんです。
　感情はあるけれど、コミュニケーションが取れないのが、動物。という先入観のようなものがどこかにあったので、かわいいなって思っても、飼いたいと自分から思うことって、今まであまりなかったんです。だけどきなちゃんを飼い始めて、日々新しい些細な表情やしぐさをつぶさに見ているうちに、動物に対する価値観も大きく変わった気がします。例えば、私が部屋のなかで寝転んでいると、きなこがふらっとやってきて私のお腹の上にのっそりと乗りあげてきて、そのまま眠ったり。また、3姉妹で1つの部屋に集まってあれこれ話していれば、きなこがその輪にいつの間にかやってきて、じっと一緒に話を聞いている。こういうことが日々あるので、通じ合えるんだって実感して。だから他の動物に対しても、きなちゃんと同じ一線上で見つめられるようになったんです。

毎日平和ボケするんじゃないかっていうぐらい、きなちゃんは穏やかに暮らしています。けれどその平和は過去に2度、きなちゃんの人生を脅かされるような衝撃を経て、あるとも言えるんです（笑）。

1度目は2007年の初旬。父が近所の神社で捨てられていた子猫を発見して、かわいそうだし、きなこの遊び相手としてって、連れて帰ってきたんです。キリッとしたスケバンタイプの（笑）、メスの黒猫（クロ）でした。ところがそのクロときなちゃんの相性が本当に悪くて、鉢合わせにでもなったら必ずケンカ。それをきっかけに、家族間もピリピリとしたムードになっていき、精神的にみんな少し不健康な状態になってしまって。3ヶ月ぐらい悩んだ末、里親募集に出して、結果的にクロちゃんは、見事代々木上原の素敵な家庭にもらわれていきました。

そして今度は祖父母の家に住み着いたノラ猫の子供（メスのシロ）が1匹餓死しそうなほど弱っていたので、家族みんながなんとなく見捨てられない気持ちになり、一時的に保護したんです。そして最終的には飼うつもりでした。シロはノラ猫出身だけど人にも懐くし、今回は大丈夫かな？って。でもやっぱり…きなちゃんとの相性は悪かった。それでシロも里親募集によって、とても良い飼い主さんのもとへもらわれていきました。この2度の経験によって、きなちゃんは私たち家族がいるからひとりでも寂しくないんだねって確信することに。実際人の気配がするところに、きなちゃんは必ずいるんです。ときどき自分が猫だということを忘れているんじゃないかって思うときもあるくらい、馴染んでる。だから私にとってきなこは、一番末っ子の妹的な感じがすごくするんですよね。

実家に帰ったらとりあえず、“きなちゃんは？今どこにいるの??”みたいな（笑)。顔を見るだけでホッとするんですよね。基本的に私がかまって欲しくて、そばに寄り添っていきます。家族全員きなちゃんには甘いので、彼女も日々、甘え上手、立ち回り上手になっている気がします（笑)。

Shu-Thang Grafixさんと宗介

１年前のある日、事務所の近くで衰弱した子猫がニャーって僕のもとにすりすりしてきたんです。最初どうしようかなって悩んでいたんですけど、ちょうどノラ猫の世話をしていた近所のおばさんがやってきて、僕にものすごい至近距離で“この子猫をお願いします”ってケージまで持ってきて言うんです（笑)。まだ仕事あるんだけどな〜って思いながら、これも縁だとそのまま連れて帰りました。

ケージから出した途端、“ほうほう。この家いいんじゃないの？”みたいな上目線な感じで、すんなりこの家に馴染んでました。

ともに暮らして１年が過ぎた今、基本的に宗介は僕の彼女のことは“母ちゃん”で、僕は“兄ちゃん”みたいな存在と思っている気がするんです。決して僕のことはお父さんとは思ってくれない（笑)。例えば僕が宗介にとって何か嫌な行動をするじゃないですか。そうすると、“母ちゃんー！兄ちゃんが〜”って感じで彼女のそばに近づいていって、まるで報告をするような素振りをするんですよ。彼女がソファーにいるときの宗介は、必ず身体のどこかを彼女の身体にくっつけているし。そんな宗介が、たまに「兄ちゃん〜!!」って僕のそばに来てくれるときがあって、それが嬉しいですね。

宗介は、考えていることや行動パターンが読み取れる瞬間が多くて、とにかく寂しがり屋。僕が家に帰ると、大抵寝癖をつけた状態の宗介が“おかえり〜!”と、玄関にいる。自転車や車、足音とかでなんとなく気配を感じるみたいで、帰ってきたことがわかるみたいなんです。また、僕が洗面所で髭を剃っていたら、いつの間にか足下にいて、“ねぇまだ?”って顔をする。気づかないうちに必ず見える位置にいるんです。それに朝なんかは、一番早くに起きて僕を起こしてくれる。一応気を使っているみたいで、最初は小さい声で鳴いてくるんですよ(笑)。でもひたすら起きないでいると、「ニャー!」ってテンション高くなってきて、ひたすらぐるぐるしながらそばから離れない。それが朝5時です(笑)。

次は犬が欲しいなって思っています。我が家に子犬がやってきて、宗介が世話係とかしたら、めちゃくちゃかわいいだろうなって想像したり。でも実際は絶対しないんだろうな、とも思ってます(笑)。

白男川清美さんと粒と粉

粒と粉と暮らし始めたのは8年前です。スタイリストの先輩から“猫は2、3匹一緒に飼った方が世話をしやすい”と教えてもらい、1匹目を飼った2ヶ月後に、さっそくプレスの知り合いに2匹目をもらうことに決めました。

日中はほとんど仕事で家を留守にしているので、2匹で留守番している方が猫たちも寂しくないみたいなんです。私も、1匹だけの頃より安心して出かけられるようになりましたし。とはいえ、猫たちに会いたくて、仕事の合間にちょこちょこ家に帰っていましたが(笑)。粒と粉の顔を見て、“かわいいなぁ”と和んでから次の撮影現場に行くなんてことを独身の頃はよくやっていました。

飼う前は、忙しい自分がちゃんと面倒を見られるのかという心配はもちろんありました。でも、先輩の教え通り“多頭飼い”にしたこともあって、問題なく共同生活を始めることができたんです。猫たちもケンカしていたのは最初の数日だけで、すぐに仲良くなりました。今じゃ寝る時までずっと一緒なんですよ！　私自身も、早く帰宅するようになって、前よりも生活が規則正しくなったんです。

４年前に結婚をして、子供が生まれました。１人と２匹、まとめて子育てしてるような感じで最初の１年は本当に大変でした。夫は、"前から一緒に暮らしてるんだから"と、猫との同居をすんなり受け入れてくれましたが、彼は猫を飼ったことがないので、世話はもちろん私の担当。毎日、子育てと猫の世話でどったんばったん大騒ぎでした（笑）。

そんな生活が落ち着いてきたのは、１歳になった息子を保育園にあずけ、私が仕事に復帰してからです。その頃に、猫って面白いなぁと感じたことがありました。忙しい私を気づかってか、２匹ともやたらと私に甘えなくなったんです。以前は、家で仕事や家事をしている時も、甘えたり邪魔しに来たりしていたんですが、そういうことがほとんどなくなった。子供が寝静まった時間にやっと、にゃーっと甘えに来るようになったんです。なんだか、いじらしくて可愛いなぁと思いましたね。うちの猫は２匹とも高齢だし、そもそも、近頃はのんびりしていたんですが、"私のことをちゃんとわかってくれてるなぁ"と、そんな姿を見てすごく嬉しい気持ちになりました。

粒と粉は、息子のいい遊び友達にもなってくれています。息子も息子で、猫たちを家族の一員だと思っているのか、いつも一緒に遊んでいますね。誰から教わったわけでもないのに、"猫じゃらし"を覚えて、２匹をしょっ中楽しませていますよ（笑）。私自身も、小さな頃から猫のいる家で育ってきたので、息子が自然に動物と仲良くできているのが何より嬉しい。息子には自分より小さな生き物に対して、優しく接することができる人間になって欲しいから……。命の大切さを自然と教えられるいい機会を、粒と粉が与えてくれているんだと思います。

関根由美子さんとゴバン

8年ほど前、会社の裏口にあるプレハブから、ずっと会社のなかを覗いていた子猫、それが後のゴバンでした。当時会社のスタッフが4名いたので、この子猫が“5番目”ということでゴバンです（笑）。“入っていいのかな？”って、しばらく様子を見ている感じだったんですけど、ある日の夜、ドアを開けて仕事をしていたら、中に入ってきたんです。それでじーっとうろうろ歩き始めたと思ったら、私の足下にやってきてヒュッと膝の上に乗っかり、そのまま丸くなって寝ちゃったんです。警戒心もあまりなくびっくりしました。でも今思うと“よし、ここの会社にしよう”ってちゃんと決意して来た気がするんですよね。

正直最初は、飼うことに抵抗はありました。商品の買い付けなどで出張も多いし、1人暮らしなので、私が不在の間どうしよう…って。最初は会社のスタッフが面倒を見てくれたりしたんですけど、一週間出張だとそれももう厳しいので、そういうときは盛岡の実家に住む両親に預けたりしました。そうやって飼ったばかりの頃は、暮らしていましたね。その一方で私が仕事しているときは、レジのところにちゃんとお座りしたりして、結構一生懸命にお店番として働いてくれたりしたんですよ。ゴバンがあまりにも動かないので、お客様のなかには“ぬいぐるみですか？”って聞かれる方もいましたね（笑）。また、打ち合わせにいらっしゃった方の膝の上に座ったり、いつの間にか場を和ませてくれる存在になっていました。

父は最初、実家にゴバンを連れて帰るって言ったときは、“絶対に猫なんか家に入れません”って言っていたんですよ？それが実際連れて帰ったらすごく可愛がってくれて、そのうち父はゴバンのお家や踏み台を作ってくれたりするようになって。だから今、家には父の創作によるゴバンアイテムが増えました。さらに最近、両親は私の家の近所に引っ越してきましたんですよ。父が仕事を退職したというのが一番大きな理由なんですけど、おそらくゴバンがいなかったら東京には引っ越して来なかったと思うんですよね。なので昼間、私が会社に行っているときは、ゴバンのお世話をお願いしています。
ゴバンは、基本的に独立しているんですよね。例えば私が一旦家に帰ってきて、でかける準備とかしていても、“私は関係ありません。出かけたいなら出かければ？”みたいな顔をする（笑）。こんな風に本当にマイペースで、1人の時間を大切にしているようなので、割とゴバンと私は大人な関係かも。とはいえもちろん、甘えてくるときもあります。例えば大体朝は“マッサージをして下さい”ってやってくるので、それでお腹のマッサージをしてあげたりして。また、ブラシに自分の顔をすり寄せて、“私にブラシをしてから会社にいって下さい”ともはっきり言うんですよ（笑）。そう考えると一緒にいるときは、お互いの世界がありつつも、結構会話をしていることが多いですね。
ゴバンの方が偉い立場かもしれません。ああしなさい、こうしなさいっていうことが結構多いし、割りと不屈の精神を持っているので、自分の意思が通るまであきらめないんです(笑)。飼い始めた当時、盛岡の旧実家に向かう新幹線のなかにいるときも、最初ゴバンは籠の中に入れていたんですけど、籠の中が“いやだ、いやだ”と言って周囲の乗客の方に迷惑をかけるので、最後は車掌さんによって車掌室に連れて行かれていました…。なのでこれからもきっと、いろんな意思表示をされながら、一緒に暮らしていくと思います（笑）。

関めぐみさんとシシ

当時住んでいたマンションの窓からふと外を眺めると、斜め向かいのお宅の屋上に、どういうわけか子猫が迷い込んでいたんです。鳥に狙われそうになっているのを見て、“屋上に猫がいますよ”と、そのお宅に伝えに行きました。でも、住まわれていたのがおばあちゃんで、対処法がわからず困惑してしまった。それで、“じゃあ私が連れて行きますね”と、行きがかり的にシシを捕獲することになったんです。その時は、自分が飼うつもりはなくて、とにかく命を助けよう、元

気になるまで面倒をみようと思っていただけでした。しばらく飼い主になってくれる人を探していたんだけど、2ヶ月一緒に暮らしていたら情が湧いてしまった。しかも、小さなシシの存在が、私を和ませてくれていることに気がついたんです。それから本格的にシシとの共同生活を始めました。

シシと名付けたのは、ライオンの子供みたいに見えたから。元気がなかった初めの数ヶ月は撮影現場にも連れて行っていて、しばらくはアグネスチャン状態でした（笑）。シシが一人でごはんを食べられるようになってからは、お留守番させたんですが、子猫の時に大変な目にあったからか恐がりなところがある。甘えん坊で、暴れん坊で、仕事から帰ってきたら、うちの中がぐちゃぐちゃになってたこともありました（笑）。そんなことがあっても、なんだかにくめないんですよね。シシには拾ってきた時から寝床に敷いてるタオルがあって、今でもそれにくるまって寝ています。まるでライナスの毛布みたいに、あると安心するようで、いつもタオルと一緒に留守番してますよ。

シシの性格は、やんちゃなくせに人見知りで、猫を飼ったことがある人をすぐに見抜く。そういう人には甘える。そして面食い(笑)。友人が訪ねてきては、シシと仲良くなったり、格闘したりしてます。

シシは単純な性格。だからこそ一緒にいてホッとするんですよね。シシは最近、近所のかわいいメス猫ちゃんに恋をしたらしく、しかも、見事にふられたようで落ち込んでいました（笑）。“残念だったね、シシ”って、ニヤニヤ笑いながら、日々、甘えん坊の成長を見守っている感じです。

関由香さんと、たま、バジ、オリ、クロ、チュー、小龍

撮影するときは出来る限り猫のペースに合わせるよう心がけています。撮影そのものを猫にも楽しんでもらいたいという気持ちがありますので、始めはその猫の性格に合わせて思いっきり遊んであげるんです。そうしているうちに、撮りたい！っ

て思う表情が出てくるんですよね。それがはっきりしたら、あとは狙うだけです（笑）。

家では、ノラ出身の母猫のたまと、子猫５匹の総勢６匹の猫と暮らしています。みんなとても個性が強くて毎日笑いが絶えないです。子猫同士がケンカしている間にたまが仲裁に入ったり、いつも何かやらかしてくれるので、それを見て元気をもらったり。以前は、疲れるまでずっと仕事し続けていたんですけど、猫たちと少しでも遊ぶ時間も作りたいから、仕事もぎゅっと集中してやるようになって。生活にメリハリもできました。

飼うきっかけは、2007 年６月に夫が突然、母猫と子猫２匹のノラ猫を連れて帰ってきたことです。彼の会社の近くによく遊びに来るノラ猫が、しばらく姿を現さなくなったことは聞いていたんです。そしたらある日、ひさしぶりに彼の目の前に現われたと思ったら、２匹の子猫を連れていたらしいです。それを見た瞬間、彼は家に連れて帰るしかないと思ったみたいなんですよね。

当時暮らしていた家はペット禁止で、はじめの頃は落ち着いたら里親に出すつもりで世話をしてました。連れて帰った時、子猫は人に怯え、母猫の背中には大きなハゲがいくつもできている状態でした。写真を撮りたいと思っても、３匹が一緒に寝ている時間だけ。それ以外はどこかに隠れてしまっていて。そんななかで少しずつ私たちに慣れて傍にも来るようになって、いろんな表情を見せるようになったんです。そうしたら私自身が一緒にいたいと思うようになりました。それで大家さんに自分の仕事も含めて正直にお話したら、OK をもらえたんです。

そしてその後、たまが再び妊娠をして５匹生まれ、２匹の里親が決まり、現在の６匹の生活になりました。

名前を呼ぶとみんな覚えていて、傍によってきます。今ではしっぽだけでもどの子か判別できます。６匹も大変じゃない？とよく聞かれたりもしますが、もともとノラ出身というのもあって、ちゃんと猫同士でうまくやっているんですよね。だから私は意外と放任主義だと思います。

以前たまがノラ猫だったとき、いろんな人に鳴きながら一生懸命ご飯をもらっていたんですよね。そのクセが今もどこかで続いていて、たまは毎日同じぐらいの時間に私にご飯を催促してくるんですよ。私がその時間、仕事をしていたら手に乗っかって仕事させないんです。例え、たまがご飯を食べたくない日があっても、子猫たちのためにねだるんです。そうやって頑張って母親としての役割を全うしている姿を見ていると、私がたまにとって甘えられる存在でいたいなって思うんです。だからたまが膝の上に乗ってくれたりすると、少しでもたまと仲良くしていたくて、私もしばらくそのままでいるようにしてます（笑）。

今後は、ヨーロッパや北欧など、まだ行ったことのない場所に暮らしている猫を撮影することが目標です。猫がいるところには必ず人がいるんですよね。猫が愛されている空間には活気も笑顔もある。これからも6匹をずっと見守りながら、そういう豊かさみたいなものを私は撮り続けていきたいと思っています。

根本きこさんとタオ、キナコ

子どもができる前までは、タオとキナコに対してちょっと“疑似子ども”のような、そういう感覚でいたと思います。今はどうしても目が離せない年頃の子どもに行きがちで、猫たちにはほんとう申し訳ないのですが、新鮮な魚が豊富に揃っている近所の市場に行った際には、タオとキナコの大好物のイワシやカツオを買っていってあげなきゃ！と、そこで帳尻をあわせようとしています（笑）。

タオはお店のお気に入りの場所を点々としながら訪れたお客さんの膝を占領し、そのまま昼寝をしたりもします。不思議なことに、タオもキナコも猫が好きそうなお客さまがわかるみたいなんですよ。膝の上に乗ったお客さまは、本当に猫が好きな方が多いんです。それに日々、いろんな方が猫たちのこと気にかけてくれて。なかには猫目当てにお店に来てくれる方も。完全に“店猫”ですね。

タオは10年前、中華街を彷徨っていた子猫を主人が偶然見つけて連れて帰りました。子猫はほっとけないというか、存在そのものがたまらないですよね。主人もたまたま見つけたとき、無条件に連れて帰りたくなったみたいです。以前逗子に移り住んだばかりの頃、べべという猫を飼っていたこともありましたし、猫の、その掴みどころのない性格がとても好きになっていたので、躊躇なく飼うことに決めました。でも実際、タオを飼ってみて、その想像以上の掴みどころのなさに、びっくりさせられることも。タオはなんの予兆もなしに、突然いなくなるんですよ。

ある日、砂まみれになって帰ってきて、その姿に唖然としたんです。でもよく考えてみると、“俺、このままじゃいけない”って、タオは旅をしてきたに違いないなって。きっと何かミッションがあって、その役目を果たしてきたんだと思うんです（笑）。

キナコは、モグラやネズミ、ヘビなどを穫ってくる“名ハンター”です。楽しそうに獲ってくるんです。もうね、猫に対してあまり怒っちゃいけないというじゃないですか。だからヘビに卒倒しそうになりながらも、“偉いねキナコ”なんて言ったりしながら、ヘビ用のトングを作って毎日捕まえてました(笑)。

キナコは先日、不慮の事故に遭ってしまったのですが、奇跡的に助かって今は走り回れるようになりました。生き物だから具合も悪くなるし、病気になる。でも一緒に暮らしていくっていうことは、そういうことも受け入れていくということ。おかげさまでキナコは今、とっても元気なんですが、粗相をしてしまうことがあるので、お店にはまだ出せなくて。おむつをしても外してしまうし、猫パンツ、作るしかないのかな。

今、思ったんですけど、うちの子ども、まったく猫と性格も性別も一緒です。タオは声も少しマヌケで、おっとりしている日向が似合う縁側猫。逆にキナコはもうチャキチャキの甘えん坊。タオが哩来（りく）で、キナコが多実（たみ）。ご飯の食べっぷりも一緒。キナコと多実の方がすごく食べるんですよ（笑）。

MHAKさんとティーボとステア

実は僕には、子供の頃から“大人になったら動物を飼いたい。中でも犬がいい”という夢があったんです。ところが7年前のある日、弟が“空から猫が降って来た！”という驚きの連絡をしてきました。よくよく事情を聞くと、カラスが子猫を連れさろうとしていた途中で、ポトリと弟の目の前に落として飛んで行ってしまった……ということでした。子猫は手のひらに乗るくらい小さくて心配だったから、そのまま拾って帰ってきたと言うのです。でも、なぜか連れて帰ってきたのは僕の家で（笑）、そのまま僕が育てることになった。それがキジトラのティーボです。ティーボを飼ったことで当時住んでいたマンション（ペット禁止だった）を出なくてはいけなくなったので、僕が新居を探している間に、彼女の実家でしばらく飼ってもらっていました。その間に拾われてきた猫が、もう一匹の真っ黒い猫、ステアだったんです。

2匹と共同生活するようになって、僕は完全なる猫派になりました（笑）。何ででしょう、彼らの気ままさにやられたんですかね。作業に疲れた時も、猫たちを眺めているだけでスッカリ癒されてしまうんです。今、一緒に暮らしている新しいパートナーも、僕以上に猫と仲良くしてくれているので、2匹も毎日楽しそうに過ごしていますよ。

普段は猫が絵の上に乗らないように、キャンバスを壁に張り付けて作業することがほとんどなんですが、ある時、床で絵を描いていたら、その上をステアが転がってしまったんです。あんなに黒い猫がたちまち白＆グレーの猫になってしまった（笑）。ペンキの着いた毛を短くカットしましたが、それでもしばらくの間は3色猫でした。じゃまされても、なんだか許せてしまうんですよね。

大きな部屋じゃないですが、部屋の中に走りやすい動線を作るように心がけています。猫たちがもっと遊びやすい環境を整えてあげたくて。目下の僕の目標は、オリジナルの“キャットタワー”を作ることなんです。特にティーボはやんちゃで、夜になると寝室のドアを自分で開けて入ってきちゃうんですよ(笑)。猫って伸びをするとすごく背が高くなるじゃないですか？　背伸びして、上の方にあるドアノブをくいっと開けてしまうんです。ステアは……彼は自分ではドアを開けれないので、寝室に行きたい時はティーボにお願いして開けてもらっているみたいです（笑)。２匹とも暖かいところが好きなので、仕方なく冬場の僕はベッドを占領されています。

個展でしばらく家を空ける時でも、僕の友達には３人、うちの猫を見に来てくれる仲間がいるので、安心して出かけられています。そうそう、友達には珍しがられたんですが、うちの猫はおしっこを人間のトイレでやるんですよ。アメリカに行った時に、猫用のトイレキット“リッターキッター”というものの存在を教えてもらって、試しに買ってみたんです。最初は半信半疑だったんですが、それで練習させてから、２匹ともちゃんとできるようになったんですよ。余談ですが、おすすめの経済的アイテムです（笑)。

野口アヤさんとミミオとマメ

一度も動物と暮らしたことがなかった私は、この日も“飼うぞ”っていう意気込みはなかったんですよ。でも彼は猫を飼っていた経験があったので、自然と猫のコーナーを眺めていたら……出会ったんですよね。“この子すごくかわいいー！”って盛り上がって、その場で飼うことに決めました。それがミミオです。実はミミオ、本名は漢字で“美美男”と書いてミミオなんです。その当時とてもきれいだったんですよ。背中にバラをしょってキラキラと輝いている感じ（笑)。だから美美男なんです。

ベットに入るとそばに寄ってくるミミオ。動物と一緒に寝ることも最初は信じられないな〜なんて思ってました。

ミミオに寂しい思いをさせてしまうので、夜はそんなに遅い時間に帰らなくなりました。例えば深夜の2、3時頃に夫婦で自宅に帰ると、部屋中が散らかっていたりするんです。普通の時間帯に帰るとなんともないのに。犬はわざと粗相をして飼い主の気を惹くとか、よく聞きますよね。猫にはそういうことあまりないんですけど、きっとミミオは何かそれに近い気持ちで暴れたんだろうなって思って。早く帰ってそばにいてあげたいなって生活のサイクルが少し変わりましたね。

ペルシャって年齢を重ねるにつれ、結構大人しくなってしまう性質があるみたいなんです。当時、ミミオは2歳にしてボールを置いても遊ばなくなっていて、これは相手がいないとかわいそうだなって思って、マメを飼うことにしました。最初は大変でしたけど、2匹になってアクティブになりましたね。性格は正反対なんですよ。ミミオはお客さんが大好きで、例えば自宅のリビングで友達と輪になって私が喋っていると、いつのまにかその輪の一員になっていたり。“うんうん”ってまるで人間のように話を聞いているんですよ(笑)。逆にマメの方はピンポーンって玄関のベルが鳴るだけで、ベッドの下に隠れちゃうほど、知らない人に警戒心を持っているんですよね。

喧嘩しているのか仲が良いのか、ミミオとマメは完全に兄弟みたいです。私との関係は、本人達が寂しいときはそばに来るし、逆に私が寂しいなって思っていると、気づいてさりげなく近くにいたり。距離を置いて私を見つめてくれているんですよね。その距離でも2匹の性格でちゃんと出て、ミミオはすごくそばに寄ってくるんですけど、マメはちょっと遠い位置(笑)。お互い自立しあいながら、寄り添っている感じが、割と一緒に住んでいる友達的な感じかもしれません。

まだミミオだけ飼っていた頃、たまたま私も旦那も仕事が遅くて深夜1時頃に自宅に帰ったら、いつものように“おかえりー!”ってミミオが玄関でお迎えしてくれたんですけど、泥がついていて、すごく身体が汚いんです。“ミミオ、どうしたの!? ”ってパッと部屋のなかを見たら、ガラス窓が割れていて部屋中に泥棒の足跡が。つまりミミオはその窓から外に出て、泥んこになって戻ってきた状態だったんです。ミミオはお客さん好きだから、泥棒のそばにも寄っていったと思うんです。色々と大変だったはずなのに、それなのにいつもの調子で“おかえりー!”って。その姿がもう可哀想で、でも可愛かったですね（笑）。

猫を飼うまでは、動物という存在がすごく遠かったんです。でも今はミミオとマメと暮らすなかで、動物にもちゃんと気持ちがあることを知って、次第にその気持ちもわかるようになって、今ではわがままを聞いてあげる人のように（笑）。例えば家で仕事をしていると、書類の束の上に乗っかってくるので、どかそうとするんですけど“私、ここ気に入っちゃった”みたいな感じで、絶対に動いてくれない。だから結果的に私が移動して仕事していたり……。そういうことも多いですね（笑）。

真柳茉莉華さんとゆげ

両親が長期の旅行に出ることになり、わたしと彼の家で３ヶ月ほど実家の猫をあずかる機会があったんです。もともと彼は犬好きだったんですが、猫と一緒に暮らしているうちに、だんだん“犬より猫の方がいいなぁ”と言うようになり、わたしもすっかり“猫を飼いたい熱”が高まっていました。そこで、知り合いの方にお願いして、生まれたばかりの仔猫を譲り受けることになったんです。再び猫との暮らしがスタートし、家の中が自分にとって自然な状態になりました。メスの黒猫で、名前は“ゆげ”です。なぜ“ゆげ”なのかと言うと、写真を撮った時に眉毛があるように見えたんですよね（笑）。それで、まゆげの“ゆげ”にしました。

三軒茶屋の遊歩道に、たくさんの野良猫が暮らしている通りがあるんです。ここにいる猫たちは、ご近所の獣医さんや主婦の方、わたしの知人でもある活版印刷のブランド〈SAB LETTERPRESS〉の方など、町内の人が町ぐるみで育てています。その“猫道”に“ハナクロ”と呼ばれている大人の猫がいて、最初はこの子をもらう予定だったんです。ところが、そうこうしている間にハナクロが妊娠してお母さん猫になってしまった。猫は一度の出産でだいたい4、5匹の仔猫を産むと聞いていたので、“そんなにたくさんは飼えないなぁ”と断念しました。そこで、ハナクロが生んだ赤ちゃんの中から、一匹を引き取らせてもらうことにしたんです。それが黒猫の“ゆげ”でした。

もともと、実家の猫たちが白黒のブチなので、ブチ猫がとっても可愛くて、自分が飼う時も、白・黒カラーの猫がいいなと思っていました。

ゆげに会ったときは、映画『魔女の宅急便』に出てくる黒猫のジジみたい！って。黒猫を飼うという夢は叶ったので、2匹目を飼う時は白猫がいいな。白猫を譲ってくれる方がいたら、すぐにでも二匹目が欲しいです。

ゆげはやんちゃな子供みたいです。メスなのに小学生の男子みたいな感じで、女の子らしい面はゼロ（笑）。トイレットペーパーをまき散らして床を真っ白にしちゃったり、洗濯かごに入っていた靴下を散乱させたり。獣医さんに躾の仕方を教わって実践してるんですが、全然言うことを聞いてくれないんですよ。野生児で、“あちゃあ”となることだらけ。こんなに暴れるのは、わたしも彼も日中は仕事なので、一人きりでのお留守番が寂しいからかもしれないなぁと思って……。ゆげのパートナーになってくれる2匹目の猫が欲しいんです。

爪研ぎ専門の段ボールを2つ常備してあるんですが、なぜだかそれには見向きもしないで、ソファのアームばかりをガリガリやるんですよ（笑）。獣医さん曰く、首根っこをつかんだ時にぶらんと両手を下ろしたら大人しい子で、手を上げたら暴れん坊だとか。うちの子は完全に後者でした（笑）。

やんちゃなあばれん坊だけど、ゆげのいる家はやっぱり楽しいです。どうしてでしょう。やっぱり甘え方が上手いからかな(笑)。仕事から帰ると玄関まで迎えに来てくれたり、歩くと足下にまとわりついて来たり、寝てる時も横にくっついていたりするので、ついキュンとなるんですよね。ゆげは世に言うツンデレのタイプ（笑）。呼んだっていつでも来るわけじゃないのに、甘えだすと絶妙にかわいいんです。わたし、すっかりゆげの手のうちですよね(笑)。

平野太呂さんとサヴィとリト

サヴィとリトは同じお母さん猫から生まれたのですが、真逆の性格です。サヴィは愛嬌があって、猫なのに犬みたいに人なつっこい。リトは、いかにも猫らしい気ままな子。甘えん坊のくせに、飼い主以外の人には決して甘えないんです。こんなに性格が違うのに２匹はとっても仲がいい。仲良しを通り越して、“同じ血縁ってこういうことなんだなぁ”と、絆の深さを感じます。

２匹いると、“動物の世界”が見られるんですよね。必死でなめ合ったり、追いかけっこしているだけなんだけど、それでも“こいつらにも世界がある”ってことが実感としてわかる。リトにできないことをサヴィがフォローしていることもある。そんな姿を見ていたら、人は人、猫は猫、お互い尊重し合いながら暮らしていきたいな……と思うようになったんです。それに、僕が尊敬している動物病院の先生から、“近頃は人間と動物の距離がおかしくなっている。動物を自分の子供みたいに扱っちゃだめだ”と教えられたことも、少なからず影響しているんだと思います。

リトとサヴィを飼う前に妻と話したことなのですが、１匹の猫の寿命が約15年だとしたら、自分たちの一生のうちに“猫を飼い始める”という行為は実は４回くらいしかできないんだねって。もちろん、何匹も何匹も飼っている人は別ですけどね。

僕らが飼っていた先代の猫が死んでしまってから、悲しくて、何年も猫と暮らす気持ちになれなかったんです。でも、ふとそんな話になって、“また猫を飼ってみよう”と決断できた。それから出会った猫たちなので、２匹を見ていて、猫と一緒に暮らせるこの時間って本当に貴重なんだなぁと、今でも時々、しみじみそう思うんです。僕には仕事があるので、リトとサヴィには平日は朝と夜しか会えません。だから、帰宅後に部屋の中を見渡して、“今日の昼間はどんな遊びをしてたんだろ”って想像するのが結構楽しかったりするんです。

仕事で日本を離れるときなど、その間は妻が面倒を見てくれるんですが、やっぱり気にはなりますよね。一日会わないと、“今日は何やってたんだろう”とついつい考えてしまう。とはいえ、僕も妻も旅行が大好きなので、猫たちのために楽しみをセーブするのはつまらない。それなので、出かける時は友人に世話を頼んだりして、自分たちのペースを変えずに猫とうまいこと共同生活しているんですよ。

茂木雅代さんとパーフィー

居て当たり前、人生のパートナーです。例えば自宅でパソコンに向かって長い時間作業をして疲れてくると、パソコンの本体の上に乗りじゃれてきて、“ねえ、構ってくれない？”っていう感じで、私を見る。自分がいっぱいいっぱいになっている時に限って、パーフィーは私にちゃちゃを入れてくるんです。でもそのちゃちゃによって、私自身、自分の状態を冷静に見直すきっかけになったりするんですよね。また、猫は気温の変化にも敏感。だから板の間の上でべろーんと伸びている姿を見ると、そろそろ夏物出す時期かな、お風呂の蓋の上にベローンと伸びていれば、そろそろ暖房が必要な時期かな、と生活のリズムみたいなものもパーフィーにもらっている気もしますし。全体的に私の方がパーフィーに面倒を見てもらっているような気持ちにさえなるときもあります。

大学の頃の仲の良い友達が猫を飼っていたんですけど、猫と人との距離感みたいなものがすごくよくて、自分もやっぱり飼いたいなと思ったんです。猫は“独立独歩の精神”じゃないですけど、猫には猫の世界がまずあるんですよね。その、猫は猫、自分は自分という距離感を大切にできたらきっと楽しいと、それでヌーボーを飼い始めたんです。

ヌーボーと数年過ごして、結婚をしました。けれど共働きによる生活で、ヌーボーを構ってあげられない日が続くようになって、それでペペを飼うことを決めました。2匹の相性は心配でしたが、飼ってみると、ぺぺはヌーボーとすぐに懐き合うようになりました。

それから1年後の夏、2匹の間に今のパーフィーを含めた4匹の仔猫ちゃんが生まれました。その後、6匹生まれたときには、生まれたての小さな猫にまぎれて、ぺぺのお乳を飲むパーフィーが思い出されます（笑）。最初に生まれた3匹（その後も6匹も同様）はみんな知り合いにもらわれていったんですけど、どのネコも長生き体質。アメショってすごく丈夫であまり病気もせず、飼いやすい猫種と言われていますけど、それって飼い主にとってとてもありがたいことかと。

ヌーボーとパーフィーは大の仲良しで、面倒見の良いぺぺは、母親の目線でその2匹の関係を基本的には見守っていました。それを見て、猫にも家族意識があって、それぞれバランスの良い関係性があるんだな、と。にぎやかな生活が長く続いた後、ヌーボー、ぺぺの順に病に倒れてしまい、数年前、パーフィーを置いて2匹は亡くなってしまいました。

まずヌーボーが亡くなったあと、ぺぺとパーフィーのバランスがすごく悪くなったんですね。それがなんとか持ち直したなと思った頃に、今度はぺぺが病気になってしまって。長い闘病生活の後、3年前の夏に亡くなったんです。そうしたらパーフィーは、一気に子猫返りをしてしまい、人間対して依存度が高くなってしまいました。けれど、猫ってやっぱり自然治癒力というのを持っているんですよね。体調が悪い自分を回復させようと努力をすることをなんとなく本能的に身につけているというか。今年に入った頃からかな。ようやく自分のペースで生活するようになりましたね。

普段はよく眠って、ゆったりした行動が多いけれど、私がキッチンに立つと颯爽とあらわれて、肩の上づたいに冷蔵庫に飛び乗って、様子を伺ったりすることもよくあります。飼い主がどんな状態なのかを察するんです。例えば外ですごくイヤ〜なことがあって、どうしようかなって落ち込みながら家に帰ったとき、ひょいっとパーフィーが私の膝の上に乗ってくるんです。それでしばらく撫でていると、不思議といつの間にか“きっとどうにかなるよね”といった気持ちになっていく。言葉ではうまい表現が見つからないのですが、パーフィーのあたたかな体温に触れていると、すごく穏やかな状態になれる気がします。まるで自分自身が持っているマイナスの部分を、パーフィーが限りなくゼロに近づけてくれるような。きっとこの感覚は、猫に限らず、生き物を飼っていると感じるものだと思っています。

米田渉さんとリバー

高校卒業してから中野の祖母の家で、祖母と二人で暮らしていたんです。そこによく兄弟が遊びに来ていたんですが、ある日妹が“死にそうな子猫がいる”って言うので、一緒に見に行ったんです。そしたら生まれたてのように本当に小さくて。とりあえずその場で保護して病院へ連れて行って、最終的に祖母の許可も得て、飼うことになりました。

三軒先の家で“テンちゃん”という猫が飼われていたんですけど、リバーは同い年ぐらいだったこともあって、よく遊んでいましたね。またテンちゃんの飼い主の方がすごく猫好きで、8匹ぐらいかな？ノラ猫を拾っては飼っているような方で。だからリバーにもよくエサを与えてくれていました。その他に別の家でもよく魚とかもらったりしていて、最終的に数カ所からエサをいただく状態。結果太ってしまいました。それにリバーは人見知りもしないから、通りすがりの人にも好かれていたみたいで、いつの間にか“リバーちゃん”って僕が知らない人からも呼ばれていました。

人と同じで猫には猫の社会がある。その中で一体うちのリバーはどんな位置づけにいるのかな？ってあるとき、テンちゃんの飼い主の方に聞いたんです。そしたら“下の子は絶対にいじめない。家に他の猫がたくさん来たときにリバーと一緒にエサをあげても、自分より小さい猫には必ずエサを譲ってあげている”って教えてくれたんです。だけどその一方で近所の大きいボスみたいな猫とは、よくケンカをしては血だらけになって帰って来ていました。上には歯向かい、下には優しい。ケンカは強くないけど、筋が通っていてよかったと思いました（笑）。

人間で言うと年下の幼なじみ、または弟みたいですが、リバーは感情を読むんですよ。例えば僕が落ち込んでいるとそれを必ず察して、僕に身体を寄せて来て、じっとするんです。そういうときは一切いたずらもしてこないし、僕がリバーを叩いたりしても怒らないんです。いつもは絶対に騒ぎながら歯向かってくるのに。ソファーに座ってテレビを見たりと外見的な様子や行動がいつもと変わらなくても、リバーには心の状態が分かってしまうんですよ。本当にすごいです。それは弟に対してもそうで、中野の家をアパートに立て替えてから僕と弟が隣同士で住んでいたんですね。で、リバーが時々僕の部屋にいつまでも帰って来ないことがあって。そういう時に隣の部屋に行くと、大抵落ち込んでいる弟とリバーの姿が(笑)。リバーはただ黙ってそばにいてくれる存在になるんです。このときばかりは立場が逆転するというか、いつもの年下と接している感覚ではなくなりますよね。

昨年、僕が結婚したことを機に、中野のアパートから引っ越しをしたんです。それはリバーにしてみたら、あれだけよくしてくれた近所の方々や遊び仲間のテンちゃんともお別れすることになるわけです。これは僕の、人間の都合じゃないですか。だからできるだけそばにいさせてあげたいと思って、引っ越しの日もぎりぎりまで延ばしました。そして迎えた引っ越しの日。最後テンちゃんの家に挨拶して、車でテンちゃんの家をゆっくり横切った時、リバーはぎゃーぎゃー騒いでしまって……。そのときは僕もボロ泣きしながら運転しました。

もともとひょうきんな奴でいきなり走り出しては止まってみたり、腹を見せて寝たりするんですが、当初は新居に全然慣れず、ただ鳴いてばかりいました。１年程過ぎてようやく慣れて元のひょうきんなリバーに戻ってくれました。今は仕事を終えて家に帰ったら、しばらくは膝の上に抱いたり、できるだけそばにいるようにしています。もちろん感情を読む能力も変わらず持っていて、何かあった時は、逆に僕がそばにいてもらっています（笑）。

SPECIAL THANKS

(登場していただいた猫と投稿者のみなさん)

〈episodes〉

■p32-49【出会い】

001 オハナ+石田順子さん　002 長老(ちょろ)+瑠璃さん　003 みけ(娘) さくら(母)+さっちゃん♪さん　004 Mint&Anixya+MJ さん　005 ニーノ+美森さん　006 ミッキー&ミニー+ともさん　007 蘭丸+みみらさん　008 チョビ&メロ+こもえさん　009 マリー+小林 富美子さん　010 ひみこ+雲猫さん　011 こーこ+かりこさん　012 力丸さん+ハルさん　013 トラキチ+るみさん　014 キリン+きりりんさん　015 ジョゼ+なごみさん　016 ソナとスー+しいぽんさん　017 港(こう)+リツさん　018 Q+かえるまさん　019 じじけろ+わっちんさん 020 Milk+ｷｼﾞﾄﾗさん　021 みー+村上香織さん　022 幸子+koko さん　023 りょう+りょうくりーむさん　024 しろ と くろ+tomoe さん　025 クロスケ+クロスケママさん　026 ゆきち+sachie さん　027 くぅ+野良猫くぅさん　028 おはなとおたま+まぁさん　029 クー+カズママさん　030 はな+とむさん　031 あつし(メス:最初にオスと間違えて付けた名前をすでに覚えてしまったため変更できず…)+ambhgsk さん　032 ひだまりちゃん+koa さん　033 モカマタリ No.9+レモンカレーさん　034 茶+セアルさん　035 よしむらぶー+よもぎさん　036 ノア+miika さん　037 みぃちゃん+ひぃさん　038 アンジェラ+バロンさん　039 ガーシュイン君+ちかさん　040 まる+キャサリンさん　041 Rock+Rock さん　042 もも+菅谷さん　043 みぃ+hamuko さん　044 BON+MOG さん　045 ゆうすけ+ニャンミさん　046 クク+河崎 光枝さん　047 鯉太+鈴木三夫さん　048 虎太郎&さんご+ナリナリさん　049 モジョ+もっちんさん　050 アレックス+あゆみさん　051 チャイ+りえんぬさん　052 プクちゃん+みかんさん　053 湖兎子+usainu さん　054 リトル・バーステッド+みほこさん　055 のあ+富岡京子さん　056 もにゃ+もにゃままさん　057 咲楽+わかめさん　058 にゃっきー+英泰さん

■p80-93【名前の由来】

059 なつめ+Ray さん　060 ランダ+チェルさん　061 たごさく+能登 麻里子さん　062 ちょか太+mayu さん　063 くま+しんりょんさん　064 一休+えーじぇんとさん　065 アディ+じゅりあさん　066 とら+まやさん　067 ジンクンちゃん+佐々木さとみさん　068 あんず+モナカあんさん　069 ボブ(おんなのこ)+ようこさん　070 クッピー+むいさん　071 どろん+@ごん太郎さん　072 猫ちゃん+bluenh さん　073 うこん+えりぽんさん　074 まさむね+まさむねさん　075 ドラオ+みちこさん　076 チビ+しとりんさん　077 ムイムイ+カッツェさん　078 ねこ吉+そらいろのたねさん　079 クロ子+くろたんさん　080 べるちゃん+よっしぃさん　081 サンタ+サンタママさん　082 げん+うにぞうさん　083 ヴィー+わんにんさん　084 おこげ+はりぃさん　085 まいご+みぎみぎ☆さん　086 Q+かえるまさん　087 チグリス+雨さん　088 ジョセフ+ふじさん　089 フェリックス+だだちまめさん　090 ルナ+ミキティさん　091 ルナ+ルナママさん　092 まーちゃん+まゆさん　093 Allen "baby" Iverson+理絵姐さん　094 フランソワ+yokofra さん　095 キッチ+ちびうさままんさん　096 くろ+ももたんさん　097 にゃんぴー+Chiaki さん　098 りく+chiico さん　099 ニキータ+椋さん

■p112-129【猫とくらす 1】

100 けろ+みんと。さん　101 とむ+ざじこさん　102 あられ+久保田 君江さん　103 じゅえる+you さん　104 こはる さん+ぱさこさん　105 麦+雨さん　106 YOYO+Yumi さん　107 ガーシュイン君+ちかさん　108 ミヤ+ちょもさん　109 はぁこ(はらぺこニャン)+seraray さん　110 龍之介+ムーミンさん　111 たごさく+能登 麻里子さん　112 セフィ+エッヂさん 113 しじみ+Nina さん　114 きょん+りんごさん　115 ティアラ+ねこにゃんさん　116 ミイ野芯+admire さん　117 ねこちゃん+Chico さん　118 コマーブル+こまおさん　119 ふぅちゃん＋ふうりん。さん　120 あやめ＋かもこさん　121 さみごん＋はるんぱさん 122 くろ＋くろさん　123 なな＋あいさん　124 直（ナオ）＋ゆうさん　125 ねころん＋とろろ姉さんさん　126 ハニー＋ゆっきーさん　127 日菜＋結花さん　128 凛＋凛たんママさん 129 ゆず＋mami さん　130 こつぶ＆おまめ＋tomo さん　131 まう＋miya コ。さん　132 ゴウ＋ごんたさん　133 ベイ＋Y さん　134 ホロと、ふみ。＋みぃさん　135 てん＋asuka さん　136 とらのすけ＋34 さん　137 はぁこ（はらぺこニャン）＋seraray さん　138 サツキ＋おかんさん　139 のら＋maki25 さん　140 ミフィとベイビー＋ひまわりさん　141 ふうちゃん＋のんちゃんさん　142 トラ＋伊東 早苗さん　143 てつ＋英キョウさん　144 ふく＋みやままさん　145 ガブリエル＋猫の世話係さん　146 みー＋みーはイイヤツさん　147 花＋510 さん　148 凛子＋ネロ凛さん　149 ミラ＋ゆりたんさん　150 K＋和隆さん　151 にゅう＋ふゆのさん　152 コタロウ＋かおり★さん　153 ルナ＋ミキティさん　154 ホロと、ふみ。＋みぃさん　155 たろにゃ＋にゃげばらさん　156 ミウ＋月乃@雫さん　157 ルナ＋ほやけさん　158 アッシュ＋＊＊ゆり＊＊さん　159 ぴっぴ＋みふぁじゃさん　160 ミャーミャー＋nataro さん　161 チー＋はちこさん　162 さくら＋つぐままさん　163 もも＆太郎さん＋もも太郎さん　164 Mew＋ひのさん

■ p160－193【猫とくらす 2】

165 ライラ＋ライムさん　166 エコ＋カヨさん　167 ぐれちゃん＋ぴーちゃんさん　168 ハヤテ＋むっぽさん　169 しゃみ＋HIT さん　170 ミー＋アケさん　171 にゃんにゃん＋れいおさん　172 Cocoa＋duff さん　173 鈴＋神代さん　174 伽羅＋lilolo さん　175 えにぃ＋みぃさん　176 小鉄＋koko さん　177 萌（モエ）＋ララ子さん　178 アトム＋ごんちゃんさん　179 ブルーニャ＋ハナビーナさん　180 にゃあ子＋みずまるさん　181 くぅ＋澪さん　182 くま＋しんりょんさん　183 小川チコ＋風がふいたらさん　184 のあ＋みぃこさん　185 くうちゃん＋記憶のカケラさん　186 みちる＋美唯さん　187 アル＋sachico さん　188 ハナ＋no さん　189 ラム＋アチャ☆さん　190 ニーノ＋美森さん　191 ノーティー＋アツコ☆さん　192 こはぎ＋しほねぇさん　193 ノワール、デエス＋水桜さん　194 みゅう＋みぃやんさん　195 民（タミ）＋amam さん　196 メンフィス＋コンブさん　197 にゃーた＋みにょるんさん　198 チロタ＋ちろたの母さん　199 ぎゅう＋ちょびぃさん　200 ボンド＋咲月蒼華さん　201 たま＋makomi さん　202 ぷりん＋はやてさん　203 みいこ＋桂姫さん　204 パトラッシュ＋秀麿☆彡さん　205 みるき＋うりるさん　206 トム＋破璃さん　207 ロイ＋あやこさん　208 ムム＋ソマリマキコさん　209 ゆず＋もきもきさん　210 マロン＋ジョナさん　211 みーちゃん＋masumi さん　212 にゃん＋にゃん mama さん　213 ちび＋デイジーさん　214 セバスチャン＋すとうさきさん　215 Qoo、Kola＋May さん　216 ハヤテ＋むっぽさん　217 maru＋月さん　218 はく＋ひろえさん　219 のあ＋富岡京子さん　220 まぁぶる＋くみさん　221 れお＋RIHO さん　222 Angie＋あんじさん　223 あやめ＋かもこさん　224 ぷりん＋はやてさん　225 仁弥王（にゃおぅ）＋仁弥王の飼い主さん　226 さくら＋mimi さん　227 エリ＋ルナさん　228 フク＋雫さん　229 みぃ＋ひなたさん　230 マー、クー、サクラ、ヒメ、チャコ、マイケル＋みつはしちびおさん　231 ライチとミュー＋2 匹のママさん　232 Lily＋TAKAKI さん　233 mimi＋なかむらさん　234 ミエル＋えぬさん　235 トム＋美枝さん　236 テディ（愛称ティーコ）＋B ahamut さん　237 にゃんにゃん＋やまださん　238 ちび＋花公さん　239 虎＋折笠 美記さん　240 チャロ＋りっかさん　241 にゃんた・にゃんこ＋りっちゃんさん　242 銀＋ちぐらさん　243 ゆず＋しまこさん　244 クロ＋なおみさん　245 ピュア＋リッカーさん　246 チロ＋よそこさん　247 チンチ君＋ともみさん　248 ミロくん＋HANAE さん　249 キラ＋キラルビさん　250 もへあ＋ひろぴさん　251 みちる＋美唯さん　252 クロスケ＋クロスケママさん　253 とむ＋tomkuru さん　254 しましま＋ak1998 さん　255 vivi＋ui さん　256 奈々子ねーさん＋佐藤和代さん　257 ポッキー＋HARU さん　258 shian＋志庵と一緒さん　259 とれお＋まーろんさん　260 福にゃん＋あんさん　261 のんじ＋のんちゃんさん　262 くりちゃん＋チータママさん　263 もも

+りこさん　264 竜馬+まえおかみちこさん　265 力丸さん+ハルさん　266 こまめ+Robeleさん　267 まりも+marimoさん　268 ムー+shoko＊さん　269 ここ+ここだいあなさん　270 Rock+Rockさん　271 luna+えむさん　272 にゃんころ+猫丸三太夫さん　273 リージャ+h・tさん　274 政宗+まみこさん　275 みいみ+ゆきみさん　276 ヂル+rinazoさん　277 シャン+ふうさん　278 とむ+ざじこさん　279 jiji+hachiさん　280 ナム(♀)+Nothingさん　281 りく+chiicoさん　282 まゆちゃん+ゆこりんさん　283 にゃんたん+にゃおんさん　284 アポロ+ぴろなさん　285 みかん+あもさん　286 ハヤテ+むっぽさん　287 キャロル+あずあずさん　288 蓮☆+あすかさん　289 エリ+ルナさん

■p208-231【家族と猫】

290 マロン+山内雪子さん　291 みーちゃん+326さん　292 日和さん+明日茶さん　293 インディー&キティー+ねこ屋敷さん　294 ネオ+セイコリーノさん　295 めろん+いつもにこにこさん　296 みーちゃん+326さん　297 リン+さとくんさん　298 ふく+みやままさん　299 はぁこ(はらぺこニャン)+seraray さん　300 アベル+桃の部屋さん　301 みぃ+木村恵さん　302 そら+月さん　303 リン+中村堅太郎さん　304 ラブ+うたさん　305 もみじ+keroさん　306 デール+みっちさん　307 美羅・綺羅+Yさん　308 べべ+みかこさん　309 ブルーベリー&レモン+かおりさん　310 ネオ+セイコリーノさん　311 チチ+しるばらいおんさん　312 ふく+みやままさん　313 NECO+ミムラさん　314 カン+＊nana＊さん　315 シロ+Mami+さん　316 ニャオ+ホーリーさん　317 ちゃちゃ+minoriさん　318 shian+志庵と一緒さん　319 くま+Lotusさん　320 うらら+うららねぇねさん　321 秀吉+maikさん　322 ブル+ブーコさん　323 ぎん+黒猫りんごさん　324 しんちゃん・ゆうちゃん+まりげさん　325 こちゃ+うさちゃんさん　326 きび+sono＊さん　327 マメ+ぶんぶんさん　328 でかニャン+うささん　329 セナ+AnnAさん　330 ちこ+み〜こんさん　331 ラム+reasonさん　332 メイ+由さん　333 にゃんにゃん+れいおさん　334 みーちゃん+はこさん　335 チャタロー+花綾さん　336 ミルフィー+buuさん　337 ルナ+優日さん　338 ぶた+soraさん　339 チビ+しとりんさん　340 ミコ+おうじゅさん　341 セナ+AnnAさん　342 らなちゃん☆+るり&マヤさん　343 くろすけ。+ゆぅさん　344 マー、クー、サクラ、ヒメ、チャコ、マイケル+みつはしちびおさん　345 じゅりあん+高月雫さん　346 さくら+るるさん　347 ちぃ+ササミさん　348 ルル+さとうせいこさん　349 菊次郎+ひーちんさん　350 クロスケ&ロンタロウ+福猫さん　351 次元+ともさん　352 カン+＊nana＊さん　353 にこ猫+Nikkoさん　354 ラン+tomokoさん　355 蓮☆+あすかさん　356 小太郎+裕子さん　357 姫(ひーたん)+平明美さん　358 すけさん+きょんきょんさん　359 ミュウ+やまさん　360 ジジ+ぱっちさん　361 ころ+ハシュベリーさん　362 ジジ君+ziziさん

■p232-241【いろんな猫】

363 フランソワ+yokofraさん　364 たろにゃ+にゃげばらさん　365 ?+snowさん　366 トルーりー+dogydocさん　367 tigger+berylさん　368 ChaCha+H.W.L.さん　369 らぞ+母らぞさん　370 Hanna+ぶちょうさん　371 gugo(グゴ)+ゲゲーニンさん　372 ROTA&JIJI+zeroさん　373 ひらかわ ぽこ+ぽこ母さん　374 さばちゃん+よっちゃんさん　375 チロ+チロリアンさん　376 グリン+まゆげさん　377 花+monhanaさん　378 チビ+ペリドットさん　379 ぴくちゃん+ブルーライトさん　380 アビ+nicoさん　381 Rちゃん+ぶんぶんまるさん　382 ジロー+渡辺ここさん　383 ザゴ+ばあちゃんさん　384 ありん+草壁さん　385 ごろ+ぴーちゃんさん　386 Milk+キジトラさん　387 チロ+chiyoさん　388 ミィちゃん+Queridaさん　389 うらん+honokaさん　390 トム+猫だニャーさん　391 ナナ+ナナ大好きさん　392 ミミ+みどりおびさん

■p256-273【忘れられない】

393 にゃっきー+英泰さん　394 チーとモー+みしょこさん　395 イリス+Irisさん　396 ポー

＋ゆみこさん　397 ミュウ・麻（まぁ）・海（かい）・グレ＋本井友紀さん　398 リル、メル＋ねこかげさん　399 もぉたろう＋ゆんゆんさん　400 ポポ＋チーさん　401 ひよこ＋neupy さん 402 ピキコ＋きみさん　403 エミ＋にゃんみ。さん　404 カボチャ＆アズキ＋りぼんさん　405 ハナ＋ハナのママさん　406 くろころ＋小林史恵さん　407 正吉＋ことりなさん　408 エリザベス＋えりざべすさん　409 ちゃたろう＋koke さん　410 福太郎＋夏音さん　411 ちゃお＋まりん 01 さん　412 あき＋まやさん　413 オハナ＋石田順子さん　414 たま＋よしのさん　415 チョコ＋ポチさん　416 ライ＋えりんこさん　417 たかちゃん＋長谷川回さん　418 ニケ＋nino さん

■ p288-309【感謝】

419 モコ＆クッキー＋Loco さん　420 海魅＋あいあいさん　421 ﾗﾌﾞ＆ｸﾛ＋ねぇやんさん　422 まる＋あかりさん　423 みよちゃん＋まあやさん　424 ハナ＋はなのしもべさん　425 萌（モエ）＋ララ子さん　426 茶＋セアルさん　427 うらら＋うららねぇねさん　428 ジジ君＋zizi さん　429 チーとモー＋みしょこさん　430 さん＋レインさん　431 トラ＋DANY さん　432 みーちゃん＋にゃおこ２さん　433 ちび太とちび子＋anfisa さん　434 みーこ＋さっちんさん　435 みるく＋まんりこさん　436 もか＋makooo さん　437 ぷりん＋ぷりままさん　438 チョン太＋マミさん　439 Cocoa+duff さん　440 ブルータス＋？さん　441 ポポ＋チーさん　442 姫＋りょうさん　443 まろん と そら＋たまちゃんさん　444 チャコ＋hasu さん　445 カィ＋yumey さん　446 梅太＋きりりんさん　447 くぅ・ちゃちゃ＋由井はるかさん　448 みいちゃん＋tomoko さん　449 ジジまる＋霧葉さん　450 ティアラ＋ねこにゃんさん　451 マロニー＋ぴんさん　452 アルバート＋あいさん　453 bebe+ ちーにゃんさん　454 マリン＋ルナさん　455 こにゃん＋REIN さん　456 みーすけ＋326 さん　457 ジャンヌ＋高田 千鶴さん　458 mickey+ えるままさん　459 トム＋美枝さん　460 朔太郎＋ハルさん　461 みどり＋みみさん　462 ねこやん＋ニコニコさん　463 ポッキー＋sherry さん　464 マリン＋真希さん　465 じゅじゅ＋ちはやさん　466 らなちゃん☆＋るり＆マヤさん　467 シャネル＋あざらしさん　468 Ketty+ ブチもりさん　469 シルバー＋catnet さん　470 ナナちゃん＋ようちゃんさん　471 モモコ＋葵沙さん　472 とら＋じゃんぼさん　473 ちゃちゃ＋瑞希さん　474 ころ＋ろこさん　475 タニシ＋明さん　476 とろ＋土方ゆうとさん　477 チョコ＋タバサさん　478 しんのすけ＋山崎 真由実さん　479 いちご＋アイさん　480 チャー＋yuto さん　481 ぬこたん＋ぬこっこさん　482 くろ＋めぐさん　483 まいご＋みぎみぎ☆さん　484 ブーツ＋Coco さん　485 みいこ＋桂姫さん　486 グラミー＋とにままさん　487 ハセヲ＋残鶯さん　488 チップ＋ai さん　489 カーム＋ヒラカワ ユリさん

〈photos〉

■ p12～

【p012-013】エリー・しんぺー・ランボー・マフラー・ティガー［YOSHIMI さん］、凜・蘭・シュー・エルモ・スティッチ・紅……一杯［ボス猫さん］、ふーちゃん・ママちゃん・とらっち［Mr. ポポさん］、近所の一家［小名木川さん］、UN, Deux, Trois［SAMSON さん］、黒糖・三毛・珍李・坊・綿・玉［神楽さん］、まよら［おこたんさん］、タイガー［Shiho さん］、ゴン太・チャコ・チカラ・イズミ・ミナミ［さっこさん］、ちっち・おみ・きっち・ひげみ［教授さん］、ロミ［ようこさん］【p014-015】ルイ＆優［猫博士さん］、ハクとモモ［IRYU さん］、ちーとぽんた［miki さん］、げん・うり［うにぞうさん］、こぱ・しま［あいちゅまさん］、スーとライ［けぇさん］、チビ♂とミミ♀［よなくにさん］、チップとミッキー［anzy. さん］、モノとチコ［びびともさん］、かいちゃん・びっけちゃん［だりあんさん］【p016-017】グレー＆ナン［kuro さん］、とらお＆お絹［ねこ親分さん］、ラッキーアンドミルク［まりちゃんさん］、クロエとモワレ［ayakov さん］、ボタン＆レンゲ［ﾏｸﾞﾈｯﾄさん］、プリンとロビン［ぽぴかおるさん］、チェリー＆アキ［チェモさん］、レオ＆ナナ［かすみさん］、チロ・クロ［たまねさん］、りゅう＆ろん［サロメさん］、マリア・う

どん［ゆうさん］、もぐ・やんち［ジジさん］【p018-019】ふうちゃん☆らいちゃん［Chabo さん］、イブ＆ソラ［dream さん］、もも＆太郎さん［もも太郎さん］【p020-021】ダイとニャンチュー［ノコモコさん］、ムック・タマ・チー［らららいやんさん］、にこ・きゅう［Hannah さん］、きぃちゃん＆みぃちゃん［＊ HIRO ＊さん］、ジジとこゆき［魔女にゃんさん］【p022-023】みりん・みんと［tankin さん］、みーちゃん and とらちゃん［むらかみかおりさん］、ふーちゃん・くり［シホリンさん］、ゆん＆きんとき［ゆんきんさん］、ヒナ・トト・ポポ［アムぽっくんさん］、シロとシロクロ［yuu さん］、sox&vivi［ui さん］、トムにゃん・ミミちゃん・ジジちゃん［あんかちゃんさん］、ハル・ポポ・トト［アムぽっくんさん］、じゃこ・三木［豆さん］、みゅう・チョビ［かいなさん］、ララ（母）・コジロウ（息子）［おゆきさん］【p024-025】粉（こな）・粒（つぶ）［コナツさん］、ぬっこ［まいけりんさん］、愛と姫［愛姫ママさん］、オクラ／オマメ［佐藤さん］、マイク・サリー・ブー［にゃんころべぇさん］、オクラ／オマメ［佐藤さん］【p026-027】みるきぃ［ゆきさん］、みけ［rupikka さん］、いちご［つきさん］、まぁぶる［くみさん］、もんじろう［えみねこさん］【p028-029】なな・あみ・ひめ［Ai さん］、林太郎＆銀之介［Rika さん］、インディー＆キティー［ねこ屋敷さん］、サツキとメイ［トムさん］、クロスケ＆ロンタロウ［福猫さん］、メルとモモ［youko さん］、ちびたろうとポポ［永田章子さん］、マリン・アクア［ルカさん］、ジャムとクッキー［かさじぞうさん］、こたろー＆寅吉［きょん太さん］、ポコとトラ［Jasmine さん］、ルナと茶太郎［と★もさん］【p030-031】ルパンと鯖助［U子さん］、こつぶ＆おまめ［tomo さん］、左から華・福・虎・暁（あき）・蒼良（そら）・美々（みみ）［なつきさん］、まろ・にゃんたろう・にゃんた・にゃんこ・じゃこ・ちゃちゃ［momonyan さん］

■ p50 ～

【p050-051】わか［はるさん］、ミニー［Lacy さん］、みゅう［千波さん］、レオンとマリン［あけちゃんさん］、エル［かっぱさん］、ここあ［わちこさん］、ラブ＆クロ［ねぇやんさん］、なな［リッコさん］、くろすけ。［ゆぅさん］、姫（ひーたん）［平 明美さん］【p052-053】チョビ［川島 葵さん］、サンタ［サンタママさん］、まなこ［YATCH さん］、にゃんこ［mayumi さん］、りぃる［opuku さん］、小鉄［☆ぉ嬢☆さん］、ミウ［月乃@雫さん］、チロ［manechikofu さん］、たじゅ［桜さん］、銀［ちぐらさん］、にゃーた［みにょるんさん］、ちょび［KN さん］、ねんねちゃん［Bridget さん］【p054-055】kuu［やこんぶさん］、ぷりん［ぷりままさん］、ふじまる［ともさん］、ちっち［西村寿子さん］、チョビ［美雨さん］、Dee-Dee［ルイさん］、みー［村上香織さん］【p056-057】こまめ［Robele さん］、ふっこ［まっきさん］、レオ［教授さん］、まいご［みぎみぎ☆さん］、海苔［マロンさん］、モコ＆クッキー［Loco さん］、小虎［のりたまさん］、たばこやさんのお隣のネコ［たまさん］、maru［月さん］【p058-059】みちる［美唯さん］、ダイヤ［アサミさん］、るんたん［恵美お姉ちゃんさん］、モン［ばーすでいさん］【p060-061】バリ［yuzko さん］、レオ［よぴさん］、チョコ［まやさん］【p062-063】ちゃたろう［koke さん］、みけ［たくみあすかさん］、かぼす［メイプルさん］、あか［LALA さん］、モモ［ゆぃさん］【p064-065】ごえもん［ゆふさん］、ミコ［おうじゅさん］【p066-067】パン［みさん］、ひらかわ ぽこ［ぽこ母さん］、ゆう［たくさん］、むぎ［mie さん］、カム［yuu さん］、朔太郎［ハルさん］、ぷるこ［ごむごむたろうさん］【p068-069】社長［あいさん］、かんメル［メルママさん］、ジョン君［わたさん］、チロ［さおかさん］、みーさん［かおりんこさん］【p070-071】モノ［びびともさん］、B［あぶらねんどさん］、猫ちゃん［bluenh さん］、にゃんきち［☆きよぴー☆さん］、PON & ZAP［domi さん］、ぶりちゃん［鈴木 恵子さん］、ぺー子［ちーさん］、あかや［あゆままさん］【p072-073】モジョ［もっちんさん］、ソフィ［Hirocz さん］、はぁこ（はらぺこニャン）［scraray さん］、マメ［ぶんぶんさん］、だいちゃん［上野だいさん］、チョッパー［シャチョサンさん］、はろ［まりんそんさん］【p074-075】チーとモー［みしょこさん］、ロロ［ぴーすけさん］、よしお［わさびさん］、ノテ・雫［nur さん］、チップ［ai さん］、茶子［佳那さん］【p076-077】ちょか太［mayu さん］、ちょび［ちょびのママさん］、はな［冬野さん］、マリン［あゆみさん］、もも［rinko さん］、ちょび

［にゃん太さん］【p078-079】ポンポコ［yuzkoさん］、なっぱ［みゆっちさん］、ジュリー［つにてんてんさん］、ナターシャ・ハルミ［sophiaさん］、ユキ［ユキママさん］

■p98～

【p098-099】しろ［buuさん］、そら［しおりさん］、キバジとチビ［Syuwoさん］、ヒメ［さとみさん］、June［kayさん］、ちゃら［ayaさん］、ふく［みやままさん］、ムー［ノオトさん］、ココ［金猫さん］、にゃぁた［ちえさん］、レミイ［山口名奈子さん］、ミク［羅々さん］、ミータ［Maryさん］、チロ［chiyoさん］、エル［ももさん］、ぱんだ［天使のぱんださん］、ルナ［矢矢さん］、みるく［トモコさん］、ハナ［noさん］、シャン［ふうさん］、puu［puuにゃんこさん］【p100-101】ジジまる［霧葉さん］、オスカー［かおりさん］、クロスケ［クロスケママさん］、まる［あかりさん］、cecil［gabrielさん］、モモ［momo.hyさん］、しじみ［Ninaさん］、夢［西山智美さん］、GIZMO［ギズモさん］、くろすけ［くろちゃさん］、黒子［裸子さん］、Angie［あんじさん］、ころび［苺姫さん］、フィル［フィーユさん］、ちよ［ねこさんさん］、グリン［まゆげさん］、みーちゃん［なな子さん］、グゥ［あずさん］、キキ［チョビさん］、花［510さん］【p102-103】もも［古澤千春さん］、みりん・みんと［tankinさん］、みるく［えみりさん］、ラム［アチャ☆さん］、まっちゃ［LEONさん］、天使［天使ママさん］、ふうちゃん［のんちゃんさん］、グレ［あじゅさん］、みゅう・チョビ［かいなさん］、りょうま［midoriさん］、にこ猫［Nikkoさん］、雫（しずく）［nurさん］、陸［SAYAさん］、さくら［はるかさん］、ジジ［くみさん］【p104-105】アル［sachicoさん］、うめ［ののかさん］、ちびとら［鈴＊さん］、がんも［はんぺんママさん］、ほし［ミツカさん］、りら［yoshieさん］、ラン［tomokoさん］、とら［まやさん］、アッシュ［＊＊ゆり＊＊さん］、ヴィー［わんにんさん］、政宗［まみこさん］、小太郎［attmanさん］、小茶猫［kokiさん］、すが男［よっすさん］、たろう［はるかさん］、まーぼ［ももさん］、チャイ［チョコボダヤンさん］、アディ［じゅりあさん］、こねちよ［上野いぶきさん］、なな［リッコさん］、小梅［えっちゃんさん］【p106-107】くろすけとちゃちゃ［くろちゃさん］、ゆず［もきもきさん］、ciel［annieさん］、ナナ［ナナさん］、みるきぃ［のんちゃんさん］、まりも［marimoさん］、花［monhanaさん］、ちりめん［tmkさん］、ころも［marimoさん］、タイガー君［もっちりネコさん］、まろん と そら［たまちゃんさん］、jiji［hachiさん］、メンフィス［コンブさん］【p108-109】ぐり［西山智美さん］、みかん［みやっち。さん］、しまじろう［つなさん］、マー［みつはしちびおさん］、すな。［シナ。さん］、ココ［ぱたまむさん］、アレキサンダー・そら［ひるねこさん］、ライ［えりんこさん］、ルナ。［★にゃんらぶ★さん］、さんま［牛乳さん］【p110-111】凜子［ネロ凜さん］、とらちゃん［まあちゃんさん］、モモ［きのしたネコ＊さん］、ニニギノミコト（通称ニニ）［のびのびごつんさん］、佐藤 太郎［tennpaさん］、二匹の野良猫［温泉猫さん］、みはにゃん［月子さん］、プー［norikoさん］、むちお（メス）［むちこさん］、ピー［えーちゃんさん］、みーちゃん［あめりさん］、ジャイアン［かよこさん］、不明［橙猫さん］、だいすけ［えりこさん］、おかちゃん［うりさん］

■p130～

【p130-131】えびす［きいろさん］、Rock［Rockさん］、蘭［kazuままさん］、ちこ［ばくさん］、?［snowさん］、ちょび［みなメリさん］、タラちゃん［いちごさん］、まる［モリモトタカコさん］、テト［なおりんごさん］、みこ［りえさん］、ジロー［コロンさん］【p132-133】メイ［由さん］、えにぃ［みぃさん］、ゴン太［まるさん］、ハナ［ebbさん］、まめ［まあこさん］、紅呂［ころとさん］、へちまたん［のんちゃんさん］、吟［花子さん］、キミ［あすかさん］、jai jai［graceさん］、ハヤト［ユズコさん］【p134-135】カツヲ［cassyさん］、マロン［ジョナさん］、最音（mone）［麻陽さん］、じゃがいも［aikoさん］、ゴマ［ニナさん］、チップ［さちっぷさん］、たま［mihoさん］、こそあど［こそさん］、ハル［makiさん］、モカ［こにゃんさん］、マム［わるものさん］、のありんこ［なおりんさん］、くぅ［清佳さん］、銀河［emingさん］、はぐ［かおりさん］、福千代［もっちんさん］、ウェンディ［さわわんさん］、雫（しずく）［nurさん］【p136-137】ちび［おひるねこさん］、ハコ［ザキさん］、momo-chan［momo-kさん］、たく［もえねえさん］、はな［モッサさん］、ころん［ピイ兄さん]、クロ子［くろたんさん］、ナナちゃん［ようちゃんさん］【p138-139】もみじ［keroさん]、モジョ[もっちんさん]、モモ[坪井恵さん]、レオナルド[悠ゅさん]、ちゃちゃ［minoriさん]、チャイ［りえんぬさん]、あやめ［かもこさん]、SENA［みなーつさん］【p140-141】モーモー［えみきょんさん］、シーバス［mimiさん］、イブ［mickさん］、文世［あつぶこさん］、みるく[りちゅさん]、リコ[☆ＵＩ☆さん]、ノテ[nurさん]【p142-143】ニーノ[美森さん]、アッシュ［＊＊ゆり＊＊さん］、うめきち・ももたす［shizuさん］、ミャーミャー［nataroさん］、やまと［noeiさん］、ミック・ジャガー［しとしとさん］、ラッキー［Gonさん］、キット［Jaminさん］【p144-145】のあ［みぃこさん］、こてつ［ミーコさん］、マル［マロンさん］、チー［はちこさん］、まめ［さやぴさん］、ライム［藍ちゃめんさん］、マグさん［ふさん］、チャミ［chamiさん］、ゆめ［えびはるまきさん］【p146-147】うずら♪［にょ！さん］、チビ子［落合 暢さん］、さくら［にゃんたさん］、シアン［mika☆Ｌさん］、福にゃん［あんさん］、ミーシャ［MAYUさん］、てん［春歌さん］、そら［月さん］、ミー1ちゃん［長谷川千佐子さん］、ハルくん［erioさん］、コロン［ぱるぱるさん］、きく［竹の子 月さん］、ゴマ［トミィさん］、つぶちゃん［にゃんまげさん］、クロ・トラ［kuronさん］、「もも」と「はる」［中村美鶴さん］【p148-149】サバとヨーダ［まりんごさん］、ねころん［とろろ姉さんさん］、きび［sono＊さん］、rin［gocciさん］、わさび［mahiruさん］、しゅん［響歌さん］【p150-151】竜馬［みっちゃんさん］、ミー［こじこじさん］、ルナ［MAYU-MIさん］、ポテト［じいた妻さん］、うおちゃん［みきさん］、グレース［ソレイユさん］、うり［なおママさん］、福助［やましたさん］【p152-153】小茶猫［kokiさん］、みーすけ［326さん］、ミル［ふぁみさん］、jasper［jasperさん］、ぽっぽ［かねまるあさみさん］、ちぃちゃん［吉田葉子さん］、ザゴ［ばあちゃんさん］、ローズとチビ［猫さん］、たろう［とみぃさん］、みはにゃん［月子さん］、銀次郎［渡辺 みゆきさん］、ミーシャ［藤壱さん］、ころ［ハシュベリーさん］、さみごん［はるんぱさん］、小次郎［小次郎ママさん］【p154-155】Maria［美貴さん］、りんご［魚津りんごさん］、くろのにゃるす［ぽんたさん］、優［たまこさん］、チンチ君［ともみさん］、にゃん太［ピヨさん］【p156-157】シンバ［jikkaiさん］、vivi［uiさん］、おはな［まぁさん］、みみ［加月達郎さん］、なっちゅ［眞守 按莉さん］、りょうま［まえうぉんかさん］

■p194～

【p194-195】モジョ［もっちんさん］、ミント［ほそざわ なおさん］、マリー［CHARUDYさん］、URAME［ドラちゃんままさん］、ブラウニー［Banbanさん］、満満［しもべさん］【p196-197】マゲちゃんとつぶちゃん［にゃんまげさん］、ホイホイとチャビ［みーさん］、美羅・綺羅［Ｙさん］、ピンキーとまたきち［高原 典子さん］、民（タミ）［amamさん］、TENTEN、茶太郎［と☆もさん］、らいむ［ポコちゃんさん］、ボブ［ようこさん］【p198-199】こぎんた［ゆかりさん］、ドナ［らなっくすさん］、くるみ［さちろんさん］、クロ［ポンさん］、キキ［あきさん］、アポロ［ぴろなさん］、うめ［日和さん］、ビビちゃんと子供達［おひるねこさん］、ちょった［tyottaさん］、一休［えーじぇんとさん］【p200-201】milk［キジトラさん］、みかん［みやっち。さん］、ちゅっちゅ［佐々木さとみさん］、ジンギス［マイケルさん］、しゃみ［HITさん］、ひめ［柚祈さん］、ハーブ（女の子）［９月の森さん］、太郎『たっくん』［ひろみさん］、グラミー［とにままさん］、わかりません［一平さん］、たまご［オオナカトモコさん］【p202-203】セフィ［エツチさん］、つゆ［moechagさん］、ニャン汰［しずなさん］、ここ［ここだいあなさん］、なな［にゃん太さん］、みかん［おさんぽあるみさん］、ぶた［吉田容子さん］【p204-205】Angel［Angelさん］、チャビ［サッコさん］、ミト［るこさん］、キリン［きりりんさん］、タケル［もにゅ子☆さん］、コタロウ［IZUMIさん］、リリー［ゆきさん］、とらのすけ［３４さん］、じゅじゅ［ちはやさん］、ボス様！！！［チョコさん］、ミルキー［ピンクマリィさん］、ノエル［Rinonさん］【p206-207】夏季［かおりんさん］、ルビー［ポラリスさん］、まっちゃ［LEONさん］、ミイコ［テイコイさん］、サウザン［さうままさん］、みはにゃん［月子さん］、林檎［林檎さん］、キャンチョメ・チョビ［えりなさん］、民（タミ）［amamさん］、すずらん［あきさん］、でかニャン［うささん］、もも［みにらさん］、まめお［Nicoleさん］、アレックス［あゆみさん］、蘭丸［ピスタチオさん］、sakura［chamiさん］、シルビア・りりー［ハヤミ エリカさん］、こちゃ［うさちゃんさん］

■p242～

【p242-243】ルナ［優日さん］、シルヴェッタ［松見沢聡子さん］、さぶ［あきさんさん］、ともちゃん［大猫さん］、アキちゃん（母）とらんちゃん（子猫）［にゃんこママさん］、とらたろうとくろ［にしむらさん］、やぶ君［西山智美さん］、Kitty［Kaorinさん］、ななしさん［もじゃもじゃ金魚さん］【p244-245】ロック［ロックままさん］、ミミ［一平さん］、ありん［草壁さん］、ノラ猫さん［カナ☆さん］、K［和隆さん］、ROSE［LUNLUNさん］、公園の主［daboさん］、モノ［びびともさん］、ゴン［瓦井 美樹子さん］、みゅう［モコさん］【p246-247】すぅ。［KOZぐまさん］、くるみ［よぴさん］、民（タミ）［amamさん］、NECO［ミムラさん］、ミツバ［きこさん］、NECO［ミムラさん］【p248-249】民（タミ）［amamさん］、桃太郎くん［ηαηακοさん］、ふぅちゃん［ふうりん。さん］、虎太朗（こたろう）［sumomoさん］、ひびき［槇さん］、ちゃうちゃう［まさこさん］、こはる さん［ばさこさん］【p250-251】ハヤテ［むっぽさん］、ちい［きりさん］、もも［山崎優子さん］、ういろう［ステファニーさん］、スタァ［尾腸さん］、みつ［深串祥子さん］、マリー［MMさん］、ノーティー［アツコ☆さん］【p252-253】シド・にゃんきち・マメ・ムギ［おじゃりさん］、shian［志庵と一緒さん］、マックハニィ（McIlhenny）［Jaminさん］、えび［花嫁ののさん］、こーこ［かりこさん］、碧里［みどりん母さんさん］、Gor Gor★［reginaさん］、さら［さらママさん］、虎太郎（コタロウ兄）・コジロウ（弟）［おゆきさん］、アメ・チョコ［由衣さん］、レオン［もっちり嫁。さん］、ふくのしん［きいろさん］、ニキ［BONさん］、チョッパー［シャチョサンさん］【p254-255】英一郎［miniさん］、ベガ（Vega）［宮崎 裕子さん］、小太郎［ひがしともんさん］、シオン［maxさん］、武蔵［ねこ屋敷さん］

■p274～

【p274-275】タビ＆レン［ガンボさん］、母猫 雫・子供猫 こつぶ［nurさん］、ビビ＆チュチュ［さゆりさん］、マリン・アクア［ルカさん］、たろう・いっくん［かいださん］、ポコ＆ココ［ぐりこさん］【p276-277】ちび［いちごさん］、マロン［ユウさん］、虎坊［KUPPIさん］、ちーにゃん［BEEさん］、とら［まやさん］、はっち［rinkoさん］【p278-279】はなこ［なごさん］、モモ［そるさん］、hana［橋本美智子さん］、あずき［凍理さん］、TORA［みかりんさん］、こたつくん［こたママさん］、レイ［レイハニーさん］【p280-283】ハッチ［midoriさん］、ミルク［よっしーさん］、小梅［えっちゃんさん］、小茶猫［kokiさん］tigger［berylさん］、ノア［りぇさん］、桃［るんさん］、ピキコ［きみさん］、ふらん［umiさん］、ハク［はまゆうさん］、みりん［tankinさん］、シマコ［はるかさん］、ムムちゃん［ノリさん］、みかん［MIZUPONさん］、にゃんた［さーやんさん］、シュガーちゃん［mysugarさん］、ほうらい・ふくじゅ［アッコさん］、そら［しおりさん］、くろちゃん［なすさん］、ちびちゃん［はまさん］、モミジ［クミコさん］、ミーミ［リボンさん］、キャスバル［みか＋さん］、エムとなー［あいチャンさん］、まる［モリモトタカコさん］、みーすけ［326さん］【p284-285】あくあ［S.らぱ子さんさん］、コタロウ［IZUMIさん］、まろん［サクラ政宗さん］、さくら［まことさん］、マチダ マー［町田正子さん］、まろんちゃん♪［あぶりさん］、柚太朗［☆トコ☆さん］、美優ちゃん［KEIKOさん］、みー［村上香織さん］、みゅう［サチンコさん］、もみじ［Ricoさん］、みー［まみさん］、ミーコ［はつみさん］、フェリックス［だだちまめさん］【p286-287】みかん［おさんぽあるみさん］、Roy［salyさん］、チータ［竈やしまさん］、ピコ［布施 あかねさん］、純［蛍さん］、ちびとらちゃん［みきさん］、くろのにゃるす［ぽんたさん］、日和さん［明日茶さん］、モモ［makiさん］、roro［あみさん］、ちーちゃん［mikikoさん］、りょうおうき［計都さん］、ふぅ［もももんがさん］

※無記名での投稿等、今回こちらにお名前を掲載できなかった写真もありますが、
ここに、全ての皆様方に深く感謝申し上げます。

〈「色んな人の、猫とくらす」お話を聞かせていただいた方々〉

嵐田光　Hikaru Arashida
コピーライター、CMプランナー。1978年東京都生まれ。東京コピーライターズクラブ新人賞受賞。最近の主な仕事に、KDDI「au LISMO!」、20世紀FOX「24／ジャック・バウアーの歌」、PARCO「グランバザール／パルコ、アラ?!」キャンペーンなどがある。また、ミュージシャンとしての活動も行っており、CMソングの制作なども手がけている。

青木むすび　MUSUBI aoki
クリエイター。アートワークの他、フラワーアート、ショップや商品のディレクション、ファッション誌でのスタイリングなどなど枠に囚われず活動中。
http://musubi-musubi.net/

黒田朋子　Tomoko Kuroda
Pauline(ポーリーヌ)ディレクター。ファッションブランドのプレスを経て、2008年よりポーリーヌのディレクターに就任。ブランドのコンセプトは、「架空のフランス人の女の子"ポーリーヌ"が身につけるアクセサリー」。スタッフブログにも、黒田家の猫たちが度々登場します。
http://www.pauline.cc/journal/

坂田佳代子　Kayoko Sakata
1979年神奈川県生まれ。インテリアショップ「コレックス・リビング」ショップスタッフ。「コレックス・リビング」では、トレンドに流されず、なにげない日常の中できちんとした機能性を持つもの選びをコンセプトに、ハイクオリティなライフタイルを提案する。スタッフによるブログも好評。
http://blog.collex.jp/

阪本円　Madoka Sakamoto
フォトグラファー。1978年東京都生まれ。日本大学芸術学部写真学科卒業。2005年渡仏。2007年フランス・イエールで行われた第22回『イエール・モード＆フォトグラフィーフェスティバル』にて写真家10人に選出される。2008年『写真新世紀』荒木経惟賞佳作受賞。現在は東京を拠点に活動中。
http://www.madokasakamoto.com/

Shu-Thang Grafix（シュウ・サン グラフィックス）
本名、浦野周平。Shu-Thang Grafix名義でイラストレーターとして雑誌、書籍、広告、TV、CM等のメディアにて活動。パッケージやロゴデザイン等も手がける。
http://www.shu-thang.com/

白男川清美　Kiyomi Shiraogawa
スタイリスト。「InRed」「spring」など、女性誌を中心に活躍する。フリーマガジン「eruca.」のホームページでは、ファッションコラムを担当。夫が中目黒のアウトドアショップ「バンブーシュート」の店長を務めている関係から、アウトドア雑誌での仕事も多い。

関根由美子　Yumiko Sekine
インテリア雑貨、リネン類輸入卸売りの会社、notebooks.ltd 代表として、現在、東京・下北沢でショップ「fog linen work」を経営している。著書に『リネンワーク』(文化出版局)など。
http://www.foglinenwork.com/

関めぐみ　Megumi Seki
アメリカ・ワシントンDC生まれ、横浜育ち。カメラマン。数多くの雑誌で活躍し、アイドルの写真集なども刊行。「Number」などのスポーツ誌から、女性誌まで幅広く活躍する。2009年の夏に湘南方面に引っ越したばかり。

関由香　Yuka Seki
猫写真家。長野県生まれ。2001年にフリーカメラマンとして独立。2003年モノクロ写真で表現した、沖縄の猫の写真で「第4回新風舎・平間至写真賞優秀賞」を受賞。2004年に受賞作をまとめた『島のねこ』(新風舎) を発売。著書に『猫カフェ』『ゆかたま』(ともに竹書房)『そこのまる』(ランダムハウス講談社) ほか多数。
http://ameblo.jp/seki-yuka/

根本きこ　Kiko Nemoto
フードコーディネーター。現在2児の母として、育児に仕事に多忙な毎日。『うちの週末ごはん気分で決める、休みの日のメニュー91』(小学館)、『こどもとハワイ』(メディアファクトリー) など著書も多数。
http://coya.jp/

MHAK (マーク)
ペインター。1981年福島県生まれ。2004年アパレルブランドのデザイナーを経て、自身の創作活動を開始。2007年に米・ポートランドにて初の個展を開催したことを機に、国外を軸とした活動を精力的に開始。2008年にはLevi Strauss Japan / USA とアーティスト契約を結び、翌年、ブエノスアイレスで個展を開く。2010年6月に、再びポートランドにて個展を開催する予定。
http://www.mhak.jp/

野口アヤ　Aya Noguchi
Balcony and Bed、FiLLY O' LYNX をはじめとした5ブランドのデザイナー、ショップ「Balcony」ディレクター。大人の女性がリラックスして楽しめる、ナチュラルな世界観でファッショニスト世代のリアルな女性にシンクロし続ける。また、プライベートでは湘南に転居し、そのライフスタイルも各方面で注目されている。
http://www.balcony.jp/

真柳茉莉華　Marika Mayanagi
1983年神奈川県生まれ。美術大学卒業後、ランドスケーププロダクツに入社。家具をメインとしたインテリアショップ「プレイマウンテン」を担当する。「プレイマウンテン」では、オリジナル家具やミッドセンチュリーのモダンファニチャー、現代のデザイナーによるプロダクツや工芸品などのアイテムを扱う。猫好き一家に育つ。
http://www.landscape-products.net/PM_index.html

平野太呂　Taro Hirano
写真家。1973年東京都生まれ。武蔵野美術大学造形学部卒業後、3年間のアシスタントを経て、2000年にフリーランスになる。写真集に、スケーターの滑り場となった廃墟のプールを写した『POOL』(リトルモア)や、グラフィティの消し跡を撮った『GOING OVER』(Nieves)がある。CDフォトブック『ばらばら』(リトルモア)は星野源との共著。渋谷区上原で「NO.12 GALLERY」も営んでいる。
http://no12gallery.com/

茂木雅代　Masayo Motegi
インテリアスタイリスト。武蔵野美術大学を卒業後、家電メーカーで照明プロジェクトのデザイナーに従事。その後、サザビー（現サザビーリーグ）アフタヌーン・ティーの企画を経て、フリーランスに。主な仕事に、「エル・デコ」「エル・ジャポン」などのページを手がける。

米田渉　Wataru Yoneda
写真家。1977年、東京生まれ。1997年より石塚憲之氏に師事。2000年、立教大学（法学部政治学科）および東京綜合写真専門学校卒業後、スタジオエビス入社。1年間の海外放浪後、2003年独立。現在、雑誌、広告等で人物撮影を中心に活動中。
http://www.wataru-yoneda.com/

〈この本のなりたち〉

たくさんの猫と、たくさんのわたし。
猫とわたしは、くらしています。

人の数、猫の数、その数をかけ合わせただけの、
猫とわたしのくらしがあります。
数えきれないほどの、愛しすぎる毎日があります。

そんな、日々から生まれた宝石のような
幾千幾億もの猫への想いを
みんなでシェアすることのできるサイト、
Cat-and-Me.com（http://www.cat-and-me.com/）
からこの本は誕生しました。

サイトには開設から半年を経ることなく、
数えきれないほどの、心のこもった投稿が集まりました。
ひとつひとつの投稿にはそれぞれ深い愛情が満ちていて、
驚いたり、笑ったり、胸を打たれたり、感激したり……。

できるだけ多くの写真とエピソードとを、と思うと
本の厚みはどんどん増えていきました。
が、それでもどうしても入りきらず、
泣く泣く掲載できなかった写真とエピソードもあります。

そして、様々な方々のご協力を経て、
ようやくできあがったのが、この本です。

もし、猫の神様がいるとしたら、
力を貸してくれたのかも……と思うほど、
ひとつひとつに愛情が感じられてなりません。
どの頁を見ても、いつのまにか顔が笑顔になっています。

貫かれている、温かく強い想いが伝わって、
たくさんの皆様方に楽しんでいただけたら、
また、大事な一冊にしていただけたら、
これほど嬉しいことはありません。

関わってくださった
全ての猫たちと、全ての皆様方に。
また、本作りを快諾し、サポートくださったSheba®に。
この場を借りて深くお礼を申し上げます。

ありがとう、ございました！

Cat-and-Me.com
Presented by Sheba®

一緒にいれる、それだけで幸せ。（「猫のことば」hodo-hodoさんの投稿より）

エピソード＋写真
「Cat-and-Me.com」ご投稿者のみなさん

Cat-and-Me.com　http://www.cat-and-me.com/
Presented by Sheba®
Direction & Produce 仕事場有限会社
Pr 小松香代子　Cd 山門茂樹　Ed 吉田直子、水島七恵、溝渕里奈、岡優太郎
Web Pr 芳賀淳志

猫とくらす
アートディレクション　関 宙明（ミスター・ユニバース）
デザイン　松村有里子（ミスター・ユニバース）
編集　田中正紘（アノニマ・スタジオ）

SPECIAL SUPPORT　Sheba®

p002-007　ねころぶ猫、見つめる猫、眺める猫（写真／米田 渉　猫／リバー）
チラッと猫（写真／関 由香　猫／タオ）覗く猫（写真／関 由香　猫／小龍）
p158-159　写真／坂田佳代子　猫／ハナ
p310-338「色んな人の、猫とくらす」
編集ライター／吉田直子（黒田朋子氏、白男川清美氏、坂田佳代子氏、関めぐみ氏、MHAK氏、真柳茉莉華氏、平野太呂氏への取材）、水島七恵（嵐田 光氏、青木むすび氏、阪本 円氏、Shu-Thang Grafix氏、関根由美子氏、関 由香氏、根本きこ氏、野口アヤ氏、茂木雅代氏、米田 渉氏への取材）
写真／アオキカズヤ（p311, 320, 323）、阪本 円（p318）、関 由香（p325, 327）、吉次史成（p321, 324, 329, 334）、米田 渉（p337）

猫とくらす
photos and episodes by Thousands of Cat Lovers

2010年4月30日　発行

発 行 人　前田哲次
編 集 人　谷口博文
発 行 所　アノニマ・スタジオ
〒111-0051 東京都台東区蔵前2-14-14
TEL. 03-6699-1064　FAX 03-6699-1070
発 売 元　KTC中央出版
印刷・製本　株式会社廣済堂

ISBN978-4-87758-693-5 C0095　©2010 Printed in Japan

本書は、Webサイト「Cat-and-Me.com」にいただいた投稿、掲載記事をもとに、アノニマ・スタジオで独自に再編集を行ったものです。

アノニマ・スタジオは、
風や光のささやきに耳をすまし、
暮らしの中の小さな発見を大切にひろい集め、
日々ささやかなよろこびを見つける人と一緒に
本を作ってゆくスタジオです。
遠くに住む友人から届いた手紙のように、
何度も手にとって読みかえしたくなる本、
その本があるだけで、
自分の部屋があたたかく輝いて思えるような本を。